GLAC edições & Rádio Zapatista & Teia dos Povos

Alejandro Reyes   Joelson Ferreira

SONHANDO A TERRA DO BEM VIRÁ

ZAPATISMO, AUTONOMIA E A TEIA DOS POVOS

Autoridade civil. Encontro entre os povos zapatistas e os povos do mundo, Caracol de Oventic, dezembro de 2006. Foto: Rádio Zapatista.

7 Prefácio O sonho do povo na terra: por uma terra
sem males, aquí e agora *Mestre Joelson Ferreira*

15 Introdução
29 1 Breve história do zapatismo
63 2 Educação e saúde autônomas
81 3 Governo autônomo
103 4 Soberania econômica
115 5 Autodefesa
133 6 O papel da mulher
155 7 As artes
179 Outro mundo é possível

187 Sobre autorias e movimentos
189 Agradecimentos

PREFÁCIO
O sonho do povo na terra: por uma terra sem males, aqui e agora
Mestre Joelson Ferreira

Todos os povos ancestrais sonham com um território em que possam construir uma "terra sem males", como dizem os parentes Guarani — um lugar onde se viva com alegria, fartura e autonomia. Inspirado numa expressão usada, certa vez, pelo poeta Geraldo Vandré, resolvi sonhar com a Terra do Bem Virá. Este livro, *Sonhando a Terra do Bem Virá: zapatismo, autonomia e a Teia dos Povos*, que também busca ampliar as conexões entre a Teia dos Povos e a luta dos povos originários do México, na grande expressão do Exército Zapatista de Libertação Nacional (EZLN), procura aproximar esses projetos de autonomia para construirmos junto à Mãe Terra o sonho de liberdade para todos os povos oprimidos.

A luta zapatista é uma referência global de resistência, desde seu aparecimento público em 1994, quando os povos de Chiapas se levantaram no primeiro dia de janeiro contra a opressão do Mau Governo do México. Portando suas ferramentas de trabalho e alguns poucos fuzis, e com os gorros passa-montanhas, que se tornaram sua marca registrada, os zapatistas afirmaram em alto e bom som a todo o mundo que a luta em defesa de nossa Mãe Terra estava na ordem do dia e, com sua coragem e altivez, permanecem de pé até hoje.

8   Prefácio • O sonho do povo na terra

No início dos anos 1990, é bom lembrar, vivíamos anos de apatia generalizada, com o fim da União Soviética e a queda do Muro de Berlim — acontecimentos que a classe política, a academia e a mídia ocidentais queriam fazer crer que significavam o fim de qualquer possibilidade de utopia. Um cidadão chegou a escrever que vivíamos o "fim da história" e que não havia nada a esperar do futuro além do capitalismo liberal. Pois aqueles indígenas chiapanecos encapuzados foram os primeiros a levantar-se globalmente para dizer: "Hoje decidimos! Basta! Somos os herdeiros dos verdadeiros forjadores de nossa nacionalidade, os despossuídos, somos milhões e chamamos a todos nossos irmãos para que se somem a este chamado como o único caminho para não morrer de fome ante a ambição insaciável de uma ditadura de mais de setenta anos, encabeçada por uma camarilha de traidores que representam os grupos mais conservadores e vende-pátrias". Em sua ousadia inspiradora, o EZLN, já em seu primeiro comunicado, declarava guerra ao Exército mexicano!

No sul da Bahia, acompanhamos nas últimas quatro décadas o ressurgimento das lutas dos povos originários que foram, desde sempre, a raiz mais profunda da gente de nossa região — à qual se somaram, mais tarde, os povos vindos da África. Como os povos maias de Chiapas que se insurgiram por meio do EZLN, os Tupinambá, Pataxó, Pataxó Hã hã hãe, Kariri Sapuyá, Kamacã, Baenã, Guerém, Maxakali e outros de nossa terra se tornaram uma inspiração para nós, do Movimento dos Sem-Terra. Desde o período em que o MST estava se estruturando na Bahia, construímos uma aliança estratégica com os povos — inicialmente, com os Pataxó de Águas Belas, em 1988, depois com os Pataxó Hãhãhãe da Terra Indígena Caramuru-Paraguaçu, em seu processo de retomada desse território. Também estivemos junto com os povos indígenas na grande manifestação que construímos contra a comemoração que o mau governo colonizador queria fazer em 2000, no marco dos quinhentos anos da invasão portuguesa em Porto Seguro. E, como quase todos nós somos negros, descendentes, ao menos em parte, dos povos da África, também tivemos desde sempre uma afinidade muito grande com as comunidades remanescentes de quilombos, que são numerosas na nossa região. Afinal, todos sentimos na pele o que é a luta pela liberdade e contra a escravidão e o racismo.

Então, tal como o EZLN convocou na Sexta Declaração da Selva Lacandona, em 2005, buscamos há muito tempo construir uma articulação de movimentos capaz de resultar numa ampla frente, de indígenas, negros, camponeses, para criar esse "outro mundo possível" pelo qual lutam nossos compas de Chiapas. Foi com esse espírito que surgiu a Teia dos Povos, em 2012.

Desde nossas primeiras Jornadas de Agroecologia, nossas cartas já registravam nossa visão de que o único horizonte possível de emancipação requer de nós a cuidadosa tessitura de amplas alianças entre povos indígenas, negros, camponeses e as classes populares de modo geral — toda a humanidade, enfim, que luta por um bem viver, desafiando os maus governos.

Na América Latina, como um todo, é um desafio para nós incluir nessas alianças as populações das periferias das cidades. Sabemos que muitas dessas pessoas foram expulsas de seus territórios originais, com violência, ou seduzidas para abandoná-los, por meio de falsas promessas. Se queremos realmente alcançar nossa Terra do Bem Virá, precisamos convocar esses companheiros e companheiras, reforçar os laços com essas periferias, reavivando a memória dos mais velhos e atiçando a curiosidade dos mais jovens para os exemplos de Autonomia e Bem Viver que podemos construir em nossos territórios.

Os povos das Américas precisam sonhar com a construção da pátria/mátria de todos os povos subalternizados. Por isso se faz necessário retomar a construção de uma ampla solidariedade entre os Povos. É preciso cultivar um projeto de humanidade e unidade na luta. É preciso sonhar todos os dias com a revolução. A nossa prática social não nos permite desistir. Se queremos que a terra seja democratizada sem a égide do capitalismo, do neoliberalismo e do imperialismo, é preciso sonhar. É necessário nos irmanarmos e lutarmos contra toda forma de opressão, construindo um mundo de paciência, generosidade, amor e bondade, de autonomia e partilha. Esse mundo será construído com muita utopia, com muitas mãos, com a força da diversidade e o respeito profundo à natureza e a todos os seres que nela habitam.

Sendo assim, é preciso conectar todas as experiências autônomas que estão sendo desenvolvidas em toda parte do mundo. Criar uma rede de apoio mútuo com esses mundos para resistir e construir um tempo de bonança, de abundância, de festa, de trabalho e de muito pão. Por isso insistimos: sem entendermos a necessidade de aliarmos nossos muitos mundos, se permanecermos isolados, não seremos capazes de construir essa façanha. Nenhum povo sozinho terá a capacidade de dar conta desse recado.

10   Prefácio • O sonho do povo na terra

Juntas, as comunidades podem ganhar muito mais força para enfrentar os inúmeros desafios que nos são impostos pelas incessantes tentativas dos maus governos de nos dobrar, de destruir nossa capacidade de ação autônoma, de nos colocar cabrestos. Com seus sistemas de saúde e educação, eles tentam nos fazer abandonar nossas pedagogias e conhecimentos tradicionais. O sistema capitalista quis nos convencer a abandonar nossas sementes crioulas e adotar o uso massivo dos venenos da indústria química. Seus políticos tentam nos convencer de que não somos capazes de nos autogovernarmos. Seus policiais e exércitos querem nos convencer de que não somos capazes de nos defendermos sozinhos. Seus juízes querem nos convencer de que não podemos administrar nossos próprios conflitos. Eles procuram, a todo custo, roubar nossas terras e escravizar-nos, porque dizem que, sem sua "ajuda", não somos capazes de produzir e prosperar. São séculos e séculos de mentiras.

É verdade que nem sempre, em seus processos de construção da autonomia, nossas comunidades já conseguiram alcançar a plenitude em todos esses campos. Até porque, por aqui, muita gente, mesmo nos partidos de esquerda, ainda está até hoje tentando nos convencer a comer em suas mãos, com promessas de verbas públicas que nunca chegam, com rituais de humilhação que nos impõem como condição para conseguir migalhas, enquanto usam a máquina pública para benefício pessoal.

Mas cada vez mais e mais comunidades estão acordando e percebendo que somente assumindo a condição de arquitetos de seus próprios destinos é que poderemos avançar realmente rumo a uma condição melhor. Precisamos cultivar nossos próprios líderes, comprometidos com as comunidades: que mandem obedecendo-nos, como dizem nossos compas de Chiapas.

Neste livro veremos, além de um relato sobre o histórico geral da experiência zapatista em Chiapas, um panorama das realizações das comunidades ligadas ao movimento nas últimas décadas, a partir de inovações como as Juntas de Bom Governo e os Municípios Autônomos – recentemente substituídas pelos Governos Autônomos Locais (GAL), Coletivos de Governos Autônomos Zapatistas (CGAZ) e assembleias formadas pelos CGAZ. Essas experiências são altamente inspiradoras para nós, no Brasil. E esperamos que o leitor e a leitora percebam que elas são, também, um convite para que elas possam se interessar por outras tantas iniciativas que existem por aqui, entre os movimentos participantes da Teia dos Povos e em outros movimentos indígenas, negros e populares que estejam perto de suas casas. No espírito da Sexta Declaração e também da Teia, esperamos que essa seja uma porta de entrada para a criação de novas redes de solidariedade entre os povos.

Além deste livro, a Teia dos Povos tem construído, por meio de seus vários canais de comunicação — incluindo sua editora —, a divulgação de relatos sobre a construção de outras tantas iniciativas autônomas existentes na Bahia e em outros locais do Brasil. Publicamos, por exemplo, o livro de Mayá (Maria Muniz), com seu relato sobre as iniciativas autônomas de recuperação territorial e educação entre os Pataxó Hãhãhãe. Também o livro de Japira Pataxó, sobre os saberes fitomedicinais tradicionais de seu povo. E realizamos muitos debates sobre temas como educação, saúde, saberes tradicionais, autodefesa etc.

A destruição de séculos de colonialismo, atualizada com a ganância do capitalismo em sua faceta neoliberal das últimas décadas, vem, ao longo da história, destruindo a terra e os territórios, dizimando os povos tradicionais e diversos seres da natureza, transformando o mundo em múltiplos projetos desenvolvimentistas de morte, de destruição, do enobrecimento do ego e da ignorância.

Nesse cenário, só nos resta abandonar esse modo de produção capitalista e construir "um mundo em que caibam outros mundos", com um modo de vida próprio, de existência e de resiliência singulares. Isso só será possível se nos irmanarmos e nos colocarmos de pé sobre a terra e, ainda mais, se na nossa memória mantivermos viva a esperança de poder sonhar com um mundo justo e melhor para todas e todos. A palavra de ordem do dia é então: colocar em marcha a reconstrução para pôr fim a esse modo destrutivo do ser humano e da natureza.

Vale lembrar ainda: é preciso construir um plano de longo prazo, mas também erguer projetos de curto e médio prazo. A primeira tarefa é saciar a fome, a fome de consciência, de esperança, de amor e de partilha. E, insistindo mais, é preciso abandonar todos os males do sistema com coragem e não olhar para trás, pois este velho mundo capitalista — de guerra, violência e colonialismo — não nos serve mais. Se insistirmos nesse mundo velho, 90% da humanidade perecerá.

Volto a repetir: é importante sonhar. Acreditar e lutar com todas as forças pela Terra do Bem Virá. Só depende de nós, está na nossa unidade e na capacidade de construir esse mundo novo, só nós

12 Prefácio • O sonho do povo na terra

temos essa capacidade. É hora de lutar, de esperançar e colocar nossos corpos, nosso pouco tempo, que ainda nos resta, a serviço da luta que podemos fazer ao longo dessa grande estrada que precisamos trilhar. Devemos todos os dias sonhar, acordados ou dormindo, sonhar com o farol que o Exército Zapatista de Libertação Nacional apresentou a todos nós. Mas, lembrem-se, temos que ter nossas próprias luzes para iluminar essa caminhada. Chamamos a Teia dos Povos, o EZLN e todos os povos do mundo a nos unirmos nessa longa caminhada da vitória.

A Teia dos Povos tem apenas doze anos, mas reúne muitos militantes calejados que têm décadas de luta em suas comunidades e movimentos. Em comum temos isto: entendemos que a autonomia e a liberdade não serão ofertadas de mão beijada. Só o povo organizado e mobilizado terá triunfo.

No Assentamento Terra Vista, onde foram arquitetadas as primeiras ações da Teia dos Povos, já está em construção um projeto que pretendemos que dure 3 mil anos. É junto ao bioma da Mata Atlântica que se reinicia o nosso sonho de recuperar 400 mil hectares de florestas, com alimentos, árvores frutíferas e árvores próprias: jacarandá, pau-brasil, jequitibá, sapucaia, pequi e tantas outras árvores centenárias que desde há muito tempo foram cultivadas pelos povos originários. Estamos seguindo os passos de nossos ancestrais, reconectando o presente da luta com nossa ancestralidade.

Sob o olhar e ouvidos atentos de nossos pajés indígenas e sacerdotes de nossos terreiros, buscamos construir uma luta que não esqueça nunca que precisamos convocar, para junto de nós, nossos Encantados, Orixás, Mikisi — esses seres invisíveis às pessoas comuns que a humanidade desatenta muitas vezes esquece. Nós já aprendemos que, sem eles, nenhuma iniciativa realmente frutifica.

E precisamos lembrar ainda que temos de ter mais atenção à entidade do que à identidade. Como dizia nosso companheiro Nêgo Bispo, pensamos muito em Zumbi, mas temos que ficar mais atentos a entender Palmares, assim como falamos muito de Antônio Conselheiro, quando deveríamos dar mais atenção ao que foi Canudos. Ou seja, precisamos discutir com muito mais vigor as formas de construir nossos projetos coletivos.

Como os compas de Chiapas têm alertado, estamos vivendo tempos de Tormenta. A natureza está inconformada! Está reagindo a séculos de afronta capitalista. Por isso, nosso projeto de construção da Terra do Bem Virá, esse lugar onde os povos viverão sem tudo de ruim que os maus governos nos trouxeram, implica o seguinte: precisamos ter nossas roças para nos alimentarmos hoje, mas não podemos esquecer de semear as florestas para garantir nosso futuro e o futuro de nossos filhos, netos e bisnetos.

Sejamos, então, todos e todas, plantadores e plantadoras, construtores e construtoras, revolucionários e revolucionárias, para alcançar o sonho dos Povos. Com essa nova práxis, podemos construir a revolução e o mundo com que tanto sonhamos. Desapeguemo-nos do comodismo, da abstração e da fantasia com a revolução sonhada e cantada em teses impossíveis de serem praticadas no dia a dia para sonhar e praticar com as causas reais.

O tempo da palavra ficou no passado. Como disse o grande mestre chinês Confúcio: "Faça uma boa ideia para os olhos e ouvidos do mundo, porque ela por si só se transforma em milhões". Com o farol do EZLN virado para a Terra do Bem Virá, seguimos na caminhada, porque ela será longa, e as transformações que queremos construir, de autonomia, de liberdade e de uma terra sem males, serão grandiosas e virtuosas.

Povos do mundo, uni-vos na esperança do Bem Virá, do Bem Viver!

INTRODUÇÃO

Em algum lugar nas montanhas do sudeste mexicano, o Subcomandante Insurgente Galeano, sentado, imagino eu, numa pedra e contemplando a paisagem da Selva Lacandona, conversava com o Comandante Tacho.

– O que você faz — perguntou Galeano — se o cavalo que você está montando está desbocado? Se ele correr cegamente e não houver forma de frear?

O Comandante Tacho, um dos membros do Comitê Clandestino Revolucionário Indígena – Comandância Geral do Exército Zapatista de Liberação Nacional (CCRI-CG do EZLN), sabe muito sobre cavalos.

– Conduzo o cavalo para um rio, uma parede, qualquer coisa — respondeu Tacho — e assim o cavalo para.

– E se não houver rio, nem parede, nem nada? E se a única coisa visível for um abismo na sua frente, rumo ao qual o cavalo corre descontrolado?

– Então cai fora, se joga. É possível que você se machuque, mas não vai morrer.[1]

A tormenta

Ao longo da última década, o EZLN tem nos alertado com insistência sobre o que eles chamam "a tormenta": uma crise civilizatória de proporções inéditas, que muito provavelmente levará, no decorrer deste século, a um colapso do nosso sistema mundo.

---

1 Essa história, aqui parafraseada, foi relatada pelo Subcomandante Galeano no sexto dia do encontro "Olhares, escutas, palavras: proibido pensar?", realizado em abril de 2018 na Universidade da Terra, em San Cristóbal de Las Casas, Chiapas. Disponível em áudio em https://radiozapatista.org/?p=26714.

16 Introdução

Conforme as nossas análises, estamos já no meio de uma crise estrutural que, em termos coloquiais, significa império da violência criminal, catástrofes naturais, carência e desemprego desenfreados, escassez de serviços básicos, colapso energético, migrações, fome, doença, destruição, morte, desespero, angústia, terror, desamparo. Em suma: desumanização. Um crime está em curso. O maior, mais brutal e cruel na breve história da humanidade. O criminoso é um sistema disposto a tudo: o capitalismo. Em termos apocalípticos, trata-se de uma luta entre a humanidade e o sistema, entre a vida e a morte.[2]

O primeiro sinal de alerta sobre essa crise estrutural e esse possível colapso foi dado em abril de 2015, no texto "A tormenta, a sentinela e a síndrome do vigia":

O que nós, zapatistas, olhamos e escutamos é que se aproxima uma catástrofe em todos os sentidos, uma tormenta. Mas também olhamos e escutamos que pessoas com grandes conhecimentos dizem, às vezes com sua palavra, sempre com sua atitude, que tudo continua igual.[3]

Num contexto de guerra, explicou o Subcomandante, a síndrome do vigia acontece quando a sentinela encarregada de vigiar no posto e alertar sobre qualquer perigo iminente, de tanto olhar a mesma paisagem, não consegue mais enxergar os pequenos sinais que indicam a aproximação do inimigo. Se os zapatistas percebem a iminência da tormenta e outros não, um dos olhares está errado. Alguém sofre da síndrome do vigia.

Perante isso, o EZLN convocou um grande encontro, um "sementeiro" de ideias chamado "O pensamento crítico perante a hidra capitalista", em maio de 2015, que reuniu mais de 1500 pessoas. Durante uma semana, cerca de sessenta pensadores, ativistas, militantes, jornalistas, representantes de povos indígenas e artistas de muitas partes do mundo, além dos e das próprias zapatistas, analisaram a situação local, nacional e mundial.[4] O resultado foi um diagnóstico pouco encorajador, plasmado em três importantes livros.[5]

---

2 Subcomandante Galeano, "El Gato-Perro y el Apocalipsis", *Enlace Zapatista*, 29 dez. 2016, em https://enlacezapatista.ezln.org.mx/2016/12/29/el-gato-perro-y-el-apocalipsis/.

3 Subcomandante Galeano, "La tormenta, el centinela y el síndrome del vigía", *Enlace Zapatista*, 1° abr. 2015, em https://enlacezapatista.ezln.org.mx/2015/04/01/la-tormenta-el-centinela--y-el-sindrome-del-vigia/.

4 A cobertura completa, incluindo todas as falas em áudio, está disponível em https://radiozapatista.org/?page_id=13233.

5 EZLN, *El pensamiento crítico frente a la hidra capitalista*, México, Autopublicação, 2015-2016, v. I, II e III.

17 Alejandro Reyes

Hoje, dez anos mais tarde, tornou-se quase impossível não enxergar a tormenta — embora a negação continue sendo a resposta mais comum por parte da maioria das pessoas. Uma crise ambiental cujos efeitos são bem palpáveis nas catástrofes "naturais": enchentes, secas, calor extremo, uma escassez de água cada vez mais alarmante, degelo polar acelerado, desertificação, incêndios e muito mais. Crise ambiental que está levando a extinções massivas e acabando com a biodiversidade no planeta. Segundo um relatório da Plataforma Intergovernamental de Biodiversidade e Serviços Ecossistêmicos,[6] a biomassa de mamíferos selvagens diminuiu 82%, os ecossistemas naturais perderam metade da sua extensão, e 1 milhão de espécies estão ameaçadas de extinção. Como muitos começamos a entender agora, essa crise ambiental ameaça as próprias condições de subsistência, se não de toda a vida no planeta, de uma boa parte dela. E, sobretudo, ameaça as possibilidades de sobrevivência da própria humanidade, tão dependente de tudo aquilo que justamente está nos conduzindo ao colapso: o sistema global de produção e distribuição de alimentos, baseado no paradigma do agronegócio, dos cultivos geneticamente modificados e da monocultura, o consumo irracional de recursos e a sobre-exploração do planeta, a mineração e a concomitante poluição, o uso dispendioso da água e destruição dos territórios, a produção desenfreada de dejetos e muito mais. Para muitos cientistas, estamos à beira do "ponto de inflexão", o momento a partir do qual os câmbios no planeta se tornam irreversíveis, nos levando inevitavelmente a uma catástrofe mundial.[7]

Carestia de recursos naturais, sobretudo os energéticos, e uma luta cada vez mais violenta pelo controle desses recursos, cujas maiores vítimas são as comunidades camponesas e os povos indígenas, mas também as comunidades periféricas urbanas que no Brasil, como em outros países, são predominantemente afrodescendentes. As respostas dos Estados perante essa escassez é o desenvolvimento de novas tecnologias, como as tecnologias ditas "verdes", para substituir aqueles recursos que estão se exaurindo. Entretanto muitos cientistas concordam que nenhuma solução tecnológica será capaz de manter o ritmo desenfreado de consumo dos recursos provocado

6 *Global assessment report on biodiversity and ecosystem services*, Bonn, IPBES, 2019, em https://www.ipbes.net/global-assessment-report-biodiversity-ecosystem-services.

7 Ver, por exemplo, Carlos Taibo, *Colapso: capitalismo terminal, transición ecosocial, ecofascismo*, Buenos Aires, Libros de Anarres, 2017.

18 Introdução

pela lógica do crescimento infinito do capitalismo atual. E não há, até agora, nenhuma iniciativa de nenhum Estado no sentido de promover o *decrescimento*,[8] de repensar nossa forma de vida e de diminuir tanto nossa dependência energética quanto nossa depredação do planeta. Perante essa urgência por parte dos poderes econômicos de se apropriarem do acesso aos recursos naturais, há uma guerra em curso pelo controle da terra e do território. Essa guerra é impulsionada pelo grande capital extrativista transnacional — agronegócio, mineração, combustíveis fósseis, turismo etc. — e sustentada pelos Estados dos países dominantes e por organismos internacionais como o FMI e o Banco Mundial. Por exemplo, o Banco Mundial, através do seu projeto Facilitando os Negócios na Agricultura, lançado em 2013 e ainda vigente, pressiona os governos para eliminarem barreiras legais à agroindústria e condiciona apoio técnico e financiamento ao estabelecimento de normas que facilitem a privatização das terras e a comercialização de sementes, fertilizantes e pesticidas.[9] Isso destrói a cultura camponesa e a produção local de alimentos e aumenta nossa dependência em um sistema que, em médio/longo prazo, não é sustentável.

Ao mesmo tempo, há uma polarização da riqueza sem precedentes, provocada pela própria lógica do capitalismo e acelerada dramaticamente em anos recentes pela pandemia de Covid-19. Polarização esta que está produzindo uma crescente população "excedente" que não cabe no sistema, nem mesmo como força de trabalho de reserva.[10] Uma das manifestações mais claras disso é a migração. Segundo dados das Nações Unidas, de 2000 a 2020, em nível mundial, a migração pulou de 172,6 milhões para 281 milhões de pessoas. Mas não é apenas em números absolutos que a migração tem crescido; também em percentagem *per capita*. A parcela da população mundial forçada a migrar no mesmo período cresceu de 2,8% para 3,6%.[11] E em anos recentes, vimos o surgimento de

---

8   O *decrescimento* é uma série de teorias e um movimento social, econômico e político que critica a ideologia do crescimento infinito e do "progresso", propondo o decrescimento como alternativa para uma sociedade ecologicamente sustentável e socialmente justa. Um dos principais teóricos do movimento é o pensador francês Serge Latouche.

9   The Oakland Institute, *The highest bidder takes It all: the world bank's scheme to privatize the commons*, Oakland, The Oakland Institute, 2019.

10   Ver Zygmunt Bauman, *Vidas desperdiçadas*, Rio de Janeiro, Jorge Zahar, 2005.

11   Ver a tabela desenvolvida pela ONU sobre migração internacional 2017, em https://www.un.org/en/development/desa/population/migration/publications/wallchart/docs/MigrationWallChart2017.pdf, e o relatório *World Migration Report 2024* da Organização Internacional para as Migrações da ONU, em https://worldmigrationreport.iom.int/es.

um novo termo para designar parte desse imenso contingente de pessoas sem lugar no mundo: migrantes climáticos.

Os programas impulsionados pelo FMI na década de 1980 no "Terceiro Mundo" — eliminando subsídios, privatizando as terras e abrindo as portas à importação de produtos agroindustriais dos países ricos — devastaram o campo, privatizaram muitos serviços públicos e precarizaram outros, e produziram um maior desemprego e precariedade laboral. Na América Latina, ao exemplo do Brasil, o trânsito das ditaduras à "democracia" veio de mãos dadas com políticas econômicas neoliberais que resultaram em maior desigualdade e crise social. Esse processo modernizante acarretou uma destruição sistemática de formas autônomas de vida, em particular a camponesa, empurrando milhões de pessoas para fora do campo e levando a um crescimento desmedido das cidades, sobretudo nos países pobres e periféricos. Ao mesmo tempo, os avanços tecnológicos e a automatização, junto com a explosão demográfica urbana, fizeram com que o desemprego aumentasse dramaticamente. Como resultado disso, o subemprego e o trabalho informal se tornaram prevalentes.

Por parte do Estado, a resposta a essa crise de "excedente humano" é dupla. Por um lado, militarização, repressão, prisão e morte. No Brasil, isso é evidente na brutalidade policial, na infâmia das milícias, no terror da tortura e da prisão. Há em média 60 mil assassinatos por ano no Brasil. Mas há, em média, 70 mil desaparecimentos. Um número inconcebível, formado sobretudo por jovens pobres e negros das periferias cujas vidas são ceifadas pelas forças repressivas do Estado, mas que, surpreendentemente, não provoca indignação generalizada no país e no mundo. No México, além da violência de ditas forças, opera a paramilitarização e, cada vez mais, a "narcoparamilitarização": a atuação de grupos criminais a serviço dos interesses do capital, com a conivência do Estado, em troca de impunidade e poder. Por outro lado, os Estados e o universo das ONGs respondem ao "excedente humano" com paliativos na forma de programas assistenciais, que criam dependência sem alterar o funcionamento do sistema, estabelecendo a pobreza como problema sem considerar a riqueza, a desigualdade e a exploração como fundamentais na problemática. Assim, o discurso da cultura do combate à pobreza e as ações de muitas ONGs são antagônicos às mudanças estruturais, pois as "soluções" para o "problema" são sempre no sentido de incorporar

20   Introdução

os pobres ao mesmo sistema que produz a pobreza, os considerando "objetos de ajuda" e nunca "sujeitos de mudança".

O crime organizado, muitas vezes em cumplicidade com os Estados e com os interesses do capital, constitui um escoadouro para esse "excedente" humano. Por um lado, ele oferece um emprego mais bem pago que qualquer outra opção disponível. Por outro, ele oferece uma suposta dignidade e respeito, mesmo que pela violência e a ostentação. E, finalmente, ele elimina esse "excedente" por meio da violência, que condena quase todos a uma morte prematura. Hoje, o crime organizado é parte integral da economia mundial e do sistema financeiro global. O Escritório das Nações Unidas sobre Drogas e Crime publicou em 2010 um estudo sobre a globalização do crime, identificando o crime organizado como "um dos negócios mais sofisticados e lucrativos do mundo".[12] O estudo analisa as diferentes áreas de atuação dos grupos criminais, que vão muito além do tráfico de drogas: tráfico de pessoas para exploração sexual, tráfico de migrantes, de armas, de recursos ambientais, de produtos de consumo e farmacêuticos falsos, pirataria marítima, crime cibernético e mais. Ao mesmo tempo, a fronteira entre os mercados lícitos e ilícitos é bastante difusa. O crime organizado penetrou na maioria das áreas da economia mundial, e o capital ilícito do crime financia, direta ou indiretamente, boa parte de todas as economias, a tal ponto que a economia global dificilmente sobreviveria sem as "áreas cinzas" que permitem a existência, permanência e expansão do crime organizado.[13]

Esse cenário, somado às guerras que se multiplicam pelo mundo e que, neste século XXI, ameaçam de novo a aniquilação global pela guerra nuclear, compõe o que os zapatistas têm chamado a "tormenta", nos alertando sobre seu poder devastador e nos questionando constantemente: *E vocês, estão fazendo o quê?*

Cair fora

Se o cavalo no qual cavalgamos corre descontrolado rumo ao abismo, é mais que prudente escutar o conselho do Comandante Tacho e cair fora. O nome desse cair fora é *autonomia*: abandonar o cavalo do

---

12   UNODC, *The globalization of crime: a transnational organized crime threat assessment*, United Nations Office on Drugs and Crime, 2010, p. ii.

13   H. Böll-Stiftung e R. Schönenberg (orgs.), *Transnational organized crime: analyses of a global challenge to democracy*, Alemanha, Transcript Verlag, 2014.

21   Alejandro Reyes

"progresso", do "desenvolvimento" irrefletido, do consumo irrestrito, do capitalismo que destrói a natureza, os corações, os povos e a própria vida, e do próprio Estado, que se constitui no administrador desse sistema de morte, por mais que, por vezes, pareça querer "abrandá-lo". Construir territórios onde seja possível viver, mesmo se de forma parcial, mas sempre crescente, fora da lógica tanto do capital quanto do Estado, tendo como centro o cuidado e o respeito pelos outros e pela vida. Mas isso é possível? O discurso hegemônico diz que não. Desvario utópico é imaginar que é possível criar algo diferente do sistema que rege o mundo. Ingênuo é sonhar com a terra do bem virá. E, no entanto, é isso que propõe a Teia dos Povos; e é isso que os zapatistas fazem há mais de trinta anos. O exemplo da construção zapatista, que envolve centenas de milhares de pessoas indígenas e camponesas com um sistema de governo e justiça próprio, sistemas de saúde e educação autônomos, soberania econômica, sistemas de transporte e comunicação, uma ampla rede de alianças nacionais e internacionais e muito mais, é um farol que ilumina possibilidades... vislumbres possíveis e vivos da terra do bem virá.

Como o Comandante Tacho bem diz, se jogar do cavalo tem seus riscos, e não poucas vezes terminamos nos machucando. A autonomia tem um preço, seja na forma da repressão por parte de um sistema que quer corpos e mentes dóceis, seja no desprezo e incompreensão por parte daqueles que não enxergam o abismo que se aproxima, seja na renúncia de confortos e bens materiais, seja no esforço e nos sacrifícios que a construção coletiva de outras formas de viver implicam.

Mas o que a analogia do pular do cavalo não contempla é que a autonomia também é alegria: o gozo da alegre rebeldia, da solidariedade, da convivência outra, da reconexão com a terra, da recuperação de um sentido da sacralidade da vida, da plenitude que emerge quando se vive o *ich'el ta muk'*, como se diz em tsotsil e em tseltal, duas das línguas maias de Chiapas: o respeito pela dignidade de tudo o que existe e a reciprocidade entre as pessoas e entre elas e a natureza. A alegria de ver florescer os primeiros indícios de mundos outros, possibilitados pela ação coletiva.

Há já quatro décadas, o EZLN vem construindo a autonomia na prática nos seus territórios. Há doze anos, a Teia dos Povos iniciou também essa caminhada, se constituindo hoje em um dos movimentos autonomistas mais potentes do Brasil. A autonomia é o

22 Introdução

coração do caminhar tanto do EZLN e das comunidades zapatistas quanto da Teia dos Povos e seus núcleos e elos. Dois caminhos distintos, mas semelhantes. Duas geografias distantes, porém irmãs. Duas formas de sentipensar próprias, porém companheiras. Hoje, fazer convergir esses caminhos se torna mais urgente que nunca. Em um encontro científico organizado pelo EZLN,[14] o Subcomandante Galeno contou que, antes mesmo do levantamento em 1994, criaram o que eles chamam de "batalhões de reserva", cuja única missão é "sobreviver" e cuja única ordem a cumprir é "não morrer". Hoje, o desafio é criar e reproduzir esses "batalhões de reserva" em todas as geografias. Perante o possível colapso do nosso sistema mundo, defender a vida e plantar as sementes de uma outra humanidade possível. Utópico? Pode ser. Mas, como bem disse Galeano — o outro, o uruguaio —, as utopias servem para caminhar.

O propósito deste livro é fazer uma viagem pelas diferentes dimensões da autonomia zapatista, que em muitos sentidos dialoga com a visão da Teia dos Povos. Não se trata de um livro de história, nem de análises acadêmicas sobre o significado da autonomia, embora tanto a história quanto a reflexão sejam necessárias e estejam presentes, sobretudo no primeiro capítulo. A intenção é aproximar a experiência vivida da autonomia em território zapatista, assim como as muitas outras iniciativas públicas do movimento que servem para fomentar práticas autonômicas na sociedade civil mais ampla.

O público-alvo deste livro são sobretudo as bases organizadas na Teia dos Povos, mas também um público brasileiro mais amplo, preocupado pelo rumo do Brasil e do mundo e desejoso de contribuir para a construção coletiva de outro Brasil e outro mundo possível. Como dizemos acima, pensamos que o exemplo zapatista pode ser um farol nessa caminhada: um farol que demonstra na prática que "outros mundos são possíveis", que não precisamos continuar cavalgando desesperadamente rumo ao abismo, que podemos cair fora, que podemos construir algo diferente em coletivo. Um farol que ilumina possibilidades, que mostra caminhos outros ainda por trilhar. Um farol que nos questiona e nos convida a olhar além do imediato. Não uma fórmula, uma receita, um exemplo a ser imitado, mas um estímulo, uma provocação, a semente de um diálogo

---

14   "@s zapatistas e as ConCiências pela humanidade", 26 dez. 2016 a 4 jan. 2017. Todas as falas disponíveis em https://radiozapatista.org/?page_id=19520.

23   Alejandro Reyes

que possa contribuir para construirmos juntas, juntos e *juntoas*[15] "um mundo onde caibam muitos mundos".

É por isso que o prefácio é escrito por Joelson Ferreira, idealizador da Teia dos Povos na Bahia. Porque a luta da Teia dos Povos dialoga intimamente com a luta do Exército Zapatista de Liberação Nacional e das centenas de milhares de indígenas camponeses organizados nas comunidades zapatistas. No prefácio, Mestre Joelson nos fala das ressonâncias entre o zapatismo e a Teia dos Povos, na luta comum por criar transformações substanciais nas nossas respectivas realidades sociais, mas também como partes de uma luta global pela vida.

Os capítulos do livro fazem uma travessia pelas diferentes áreas da autonomia zapatista nas próprias comunidades, construídas ao longo de trinta anos de vida pública e quarenta anos de existência do EZLN, assim como as muitas iniciativas dirigidas a um público externo, sobretudo na última década, destinadas a criar alianças para enfrentar a "tormenta" e a estimular o sentipensar e a ação coletivos na sociedade mais ampla.

O primeiro capítulo faz uma travessia pelas quatro décadas de história do zapatismo, da sua fundação em novembro de 1983 até hoje: a clandestinidade, o levantamento armado de 1994 e a guerra, os diálogos com a sociedade civil e o governo, a luta pelo reconhecimento constitucional da autonomia, a construção da autonomia sem pedir permissão a ninguém, e as muitas ações para enfrentar a "tormenta" global nesses últimos dez anos.

Dois eixos fundamentais da autonomia são a educação e a saúde, sobretudo no contexto da pobreza que enfrentavam as comunidades indígenas de Chiapas e do abandono extremo por parte do Estado antes do levantamento. Portanto, o segundo capítulo explora a decisão de criar sistemas de educação e saúde próprios inteiramente desvinculados do Estado, seu desenvolvimento e seu funcionamento, assim como as deficiências, problemáticas e dificuldades enfrentadas cotidianamente.

Pensamos que uma das maiores contribuições do zapatismo é a criação de estruturas de autogoverno radicalmente diferentes das do Estado-nação e da democracia representativa liberal, demonstrando na prática que é possível construir sociedades radicalmente democráticas. O capítulo 3 faz uma viagem pelas diferentes fases de construção do governo autônomo zapatista. Da criação dos

---

15 Essa é a forma como os zapatistas denominam as diversas expressões de gênero não binárias.

24 Introdução

Municípios Autônomos Rebeldes Zapatistas, ainda na década de 1990, à criação dos *caracóis* e das Juntas de Bom Governo em 2003, às grandes mudanças realizadas em finais de 2023, a construção de formas de democracia radical fundamentadas nas tradições organizativas indígenas tem sido constante ao longo de toda a história do zapatismo. Nesse capítulo, exploramos o funcionamento das estruturas do governo autônomo, incluindo uma seção que explora o sentido da justiça autônoma: uma justiça não punitiva que procura o acordo entre as partes e a restauração da harmonia coletiva e que não se utiliza da prisão nem da multa.

Um dos maiores empecilhos para o desenvolvimento da autonomia radical é a dependência do dinheiro, monopolizado em boa parte pelo Estado e pelo capital empresarial. Por isso, no quarto capítulo, exploramos os mecanismos desenvolvidos ao longo de quatro décadas para garantir a soberania econômica, fundamentados, sobretudo, no trabalho coletivo.

Os mecanismos de autodefesa, no contexto extremamente conflitivo de operações permanentes de contrainsurgência, são explorados no capítulo 5. Trata-se de estratégias complexas de defesa pacífica perante agressões muitas vezes violentas por parte das forças repressivas do Estado e, sobretudo, de grupos paramilitares e narcoparamilitares, que consistem não apenas na defesa direta, mas também em estratégias de comunicação e na formação e fortalecimento de alianças nacionais e internacionais.

O capítulo 6 explora o papel da mulher no zapatismo. No contexto da extrema exclusão e frequente violência contra a mulher nas comunidades indígenas de Chiapas, a participação da mulher em todas as esferas da vida militar no EZLN e da autonomia nas comunidades civis representa uma verdadeira revolução ao interior da própria revolução zapatista.

O capítulo 7 explora o papel das artes no zapatismo como ferramenta fundamental da luta pela vida, sobretudo na última década, no contexto da crise civilizatória global que enfrentamos.

Construir a autonomia não envolve "somente" criar estruturas como as descritas ao longo do livro. Uma verdadeira mudança estrutural só pode acontecer se houver uma concomitante mudança no pensamento coraçonado,[16] na forma de ver e entender o mundo

---

16 N. da E.: a expressão — flexionada do verbo espanhol "corazonar", que pode ter tradução livre como "pensar com o coração" — mesmo não dicionarizada em português, será largamente elaborada ao longo deste volume pelo autor.

e as relações entre as pessoas e entre elas e os outros seres vivos e a Mãe Terra. Sendo assim, fechamos o livro com uma breve viagem por algumas das dimensões éticas que o zapatismo vem construindo ao longo de quatro décadas, sem as quais nada do precedente teria sentido nem seria possível.

Um livro, muitos corações

Nenhum livro nasce isolado, por mais que na capa leve o nome de um único autor (ou dois, neste caso). Se isso é verdade de qualquer livro, muito mais certo é neste caso.

Evidentemente, nada do que aqui está escrito seria possível sem o gigantesco esforço do EZLN e das comunidades zapatistas, assim como da Teia dos Povos e seus núcleos e elos. Também não seria possível sem a generosidade e o estímulo do Cideci/Universidade da Terra, centro educativo autônomo na cidade de San Cristóbal de Las Casas, Chiapas, sede de muitos dos grandes encontros organizados pelos zapatistas e espaço onde, durante muitos anos, ativistas e militantes nos encontramos nos seminários de pensamento crítico e análise ali organizados.

Por outro lado, boa parte das reflexões, e inclusive partes do texto, provém das coberturas realizadas ao longo de quase duas décadas pelo coletivo de mídia livre Rádio Zapatista, do qual sou membro fundador — coberturas sempre coletivas e anônimas, muitas vezes em coordenação com outros coletivos de mídia livre do México e de outras geografias. Apesar do nosso nome, é importante frisar que não somos parte do EZLN nem temos qualquer vínculo direto com ele nem com as estruturas civis do zapatismo. O coletivo Rádio Zapatista nasceu em 2006 na área de São Francisco, Califórnia, nos Estados Unidos, conformado maiormente por ativistas migrantes e *chicanos*,[17] no contexto da Sexta Declaração da Selva Lacandona e da "Outra Campanha" — uma viagem do Subcomandante Marcos pelo México, para se encontrar com povos em luta de toda a geografia nacional. Com o tempo, chegaram novos membros, saíram outros, e hoje o coletivo está composto por um grupo diverso de comunicadores independentes em várias partes do México. Deixamos de transmitir em rádio e consolidamos nosso site (www.radiozapatista.org) como espaço de informação e análise

---

17 N. da. E.: para melhor consideração sobre "chicanos", ver capítulo 7, "As artes", deste volume.

26 Introdução

não apenas sobre o zapatismo, mas também sobre movimentos antissistêmicos em outras geografias. Nesse tempo, tecemos redes com outras mídias livres e coletivos de luta de Chiapas, México e o mundo. Ao longo de pouco mais de uma década, construímos um arquivo histórico com registros sonoros, visuais e escritos de todos os eventos realizados ou promovidos pelo zapatismo. Este livro também não seria possível sem as provocações e as ações organizadas por minha companheira Luciana Accioly, com quem criamos o coletivo Urucum Artes Colaborativas, dedicado a promover intercâmbios artísticos entre o México e o Brasil, inspirados pela visão zapatista da arte como eixo fundamental de luta: "porque a arte não tenta reajustar ou consertar a máquina; ela faz algo mais subversivo e inquietante: ela mostra a possibilidade de outro mundo".[18] Na sua pesquisa sobre o potencial curativo da arte,[19] Luciana explora o que ela chama de *criatividade insurgente* como fonte de potência não só da produção artística propriamente dita do zapatismo, mas de todas as suas ações. É a criatividade insurgente o que permite vislumbrar o que está oculto, perceber que há formas outras de ser e estar no mundo em coletivo, formas outras de viver que não dependem da lógica do capital ou do controle do Estado. Uma criatividade insurgente que, no caso do zapatismo, está imbuída de *ancestralidade contemporânea*: a ancestralidade indígena maia sempre criativa, nunca estanque, permanentemente atualizada e renovada, permitindo um olhar para o mundo que rompe com as limitações da visão eurocêntrica hegemônica.

Foi graças às articulações de Luciana para uma das ações do Urucum Artes Colaborativas no Brasil — a itinerância "Pa-lavrando com o Zapatismo"[20] pelos estados da Bahia e Paraíba em 2019, promovendo encontros com diversos movimentos sociais — que nos aproximamos da Teia dos Povos, na VI Jornada de Agroecologia da Bahia, no território sagrado do povo Payayá, no interior da Bahia.

Para nós, a sintonia entre a análise da realidade brasileira e mundial feita pela Teia dos Povos e os movimentos sociais presentes na

---

18 Subcomandante Galeano, "Las artes, las ciencias, los pueblos originarios y los sótanos del mundo", *Enlace Zapatista*, 2016, em http://enlacezapatista.ezln.org.mx/2016/02/28/las-artes-las-ciencias-los-pueblos-originarios-y-los-sotanos-del-mundo/.

19 Luciana Accioly, *Curandeiria artística: Insurgência e encantamento criativos numa trans-versia poético-curadora em tempos de* tormenta, tese de doutorado, Universidade Federal da Bahia, 2023.

20 Ver "Pa-lavrando com o zapatismo", Urucum Artes Colaborativas, disponível em https://urucum-artes.org/pt/atividades/acoes/palavrando-com-o-zapatismo/.

Jornada, e as propostas do EZLN, foi surpreendente. Uma ponte entre as dores e lutas dos povos negros, indígenas e populares do Brasil e os povos indígenas e *de abajo y a la izquierda* no México foi criada nesse espaço sagrado de sentipensamento encantado e insurgente. Insurgente pela contundência da concepção política e das propostas radicalmente democráticas e autonomistas dos movimentos sociais ali reunidos; encantado pela sagração do encontro nos rituais indígenas, no altar que ocupava o centro do espaço da plenária (casa-maloca), nas danças, na capoeira, no povo de santo, no compartilhar solidário de dores difíceis de digerir, porém relatadas com dignidade e a convicção de continuar trilhando caminhos outros em coletivo.

Depois do encontro, os vínculos da Teia, articulados pelo incansável camarada Erahsto, com quem desenvolvemos uma bela amizade, nos levaram à Ocupação Manuel Faustino do Movimento dos Sem Teto da Bahia, na periferia de Salvador; ao assentamento Dom José Maria Pires do MST, na Paraíba; e a uma ação na Penitenciária Lemos Brito em Salvador, com os e as parceiras do Reaja ou Será Morta, Reaja ou Será Morto, com quem criamos vínculos coraçonados de luta e amizade.

Em março de 2023, participamos da I Vivência Agroecológica da Escola das Águas Nascentes,[21] na Chapada Diamantina, Bahia, onde assistimos à transformação da Fazenda Flor de Café em um novo núcleo da Teia dos Povos e onde compartilhamos um pouco da construção da educação autônoma zapatista. Depois, visitamos Mestre Joelson e Solange no Assentamento Terra Vista, onde conhecemos o sonho da Terra do Bem Virá. A Terra do Bem Virá é um sonho, sim, uma utopia, mas uma utopia em construção; um caminho por andar, mas também uma realidade. Um território construído aos poucos em dez hectares de sistemas agroflorestais e projetos de bioconstrução no Assentamento Terra Vista, orientado pelo sonho do bem viver — *Sumak Kawsay* em quéchua, *Suma Qamaña* em aimará, *Lekil Kuxlejal* em maia tsotsil. Ou seja, uma forma de pular do cavalo desbocado do capitalismo e de construir um outro mundo possível na prática: uma vida digna, plena e justa para todas e todos.

---

21 Ver o artigo da Rádio Zapatista "Teia dos Povos: construindo outros mundos possíveis no Brasil", disponível em https://teiadospovos.org/teia-dos-povos-construindo-outros-mundos--possiveis-no-brasil/.

28 Introdução

Henrique Andrade, camarada, apareceu um dia na porta de casa no sudeste mexicano, querendo se aproximar da luta zapatista e olhar de perto os efeitos que os megaprojetos no México, sobretudo o "trem maia" e o "corredor transístmico", estão tendo nas populações afetadas e no meio ambiente. De repente, a casa se encheu de vitalidade e alegria, e nas muitas prosas com café chiapaneco foi florescendo uma amizade duradoura e a semente deste livro. Alegria potenciada mais ainda pela presença de André e Kriscia, que também andavam em Chiapas, e cuja presença também foi um bálsamo para o coração. Aos parceiros e parceiras da Teia dos Povos, então, a nossa gratidão. Ao mestre Joelson e Solange, pela sabedoria, pela coragem, pela hospitalidade, pela confiança; a Erahsto e Rebeca, pela camaradagem e por nos oferecer os primeiros vislumbres sobre o que significa essa grande articulação de lutas que é a Teia; ao *compa* Henrique, pela alegria, pelas trocas, pelas provocações sempre aguçadas, pela esperança; a Beatriz Andreia e Hamilton, pela grandeza dos seus corações, pela coragem, pelo exemplo de luta e de vida, pela amizade; a Brígida, pela bondade do seu coração e a firmeza das suas convicções; ao mestre Cobra Mansa, pela sabedoria, pela sapiência na roda da vida; a André, Kriscia e suas meninas luminosas, pela parceiragem, pela jovialidade esperançosa; ao Bruno, pelo engajamento comprometido, pelo apoio, pelo carinho e pelo extraordinário talento; a Paula, pelo excelente trabalho de ilustração e desenho da capa; ao *compa* Sonho e Leonardo pela edição e diagramação do livro; a Luciana pela leitura cuidadosa e atenta, pelas sugestões sempre certeiras e, sobretudo, pela paciência e amor; à GLAC edições, pela preparação e revisão do livro; a todas e todos os que com generosidade solidária apoiaram a campanha de pré-venda que possibilitou a publicação; e a todas e todos os que de tantas formas contribuíram para fazer este sonho da terra do bem virá uma realidade.

Festival CompArte 2018, Sementeiro Comandanta Ramona, Caracol de Morelia, agosto de 2018. Foto: Rádio Zapatista.

1
BREVE HISTÓRIA DO ZAPATISMO

Contra a morte, demandamos a vida.
Contra o silêncio, exigimos a palavra e o respeito.
Contra o esquecimento, a memória.
Contra a humilhação e o desprezo, a dignidade.
Contra a opressão, a rebeldia.
Contra a escravidão, a liberdade.
Contra a imposição, a democracia.
Contra o crime, a justiça.

— Subcomandante Insurgente Marcos[22]

O estado de Chiapas é um dos estados mais pobres e de maior população indígena e camponesa do México, e também um dos mais belos e mais diversos em termos geográficos — montanhas, vulcões, florestas coníferas, florestas tropicais, dez bacias hidrográficas, cachoeiras, praias — e muito rico em recursos naturais — madeira, minérios, água, petróleo. Encontra-se no extremo sudeste do país, na fronteira com a Guatemala. Ali floresceu a cultura maia durante muitos séculos, que se estendeu de Chiapas e a Península de Yucatán até Honduras, na América Central. Os povos indígenas de Chiapas hoje são quase todos maias (tsotsiles, tseltales, tojolabales, ch'oles, mames, lacandones, entre outros), com exceção dos zoques, descendentes dos olmecas.

22 "Entre la luz y la sombra", 25 mai. 2014, em https://radiozapatista.org/?p=9766.

31 Alejandro Reyes

Na década de 1980, Chiapas estava praticamente abandonada pelo Estado: profunda carência de serviços de saúde e educação, água potável, saneamento etc. As crianças morriam regularmente de doenças curáveis, e as escolas, quando havia, eram extremamente precárias e racistas, com professores que não conheciam nem queriam conhecer as línguas originárias, orientados por uma ideologia nacional que entendia as culturas indígenas como atrasadas e ignorantes, que precisavam ser "incorporadas" à nação mestiça por meio da sua "mexicanização" e "desindianização".

Havia pouquíssimas estradas, e para viajar de um lado a outro, era preciso caminhar durante dias; por isso, muitas das fazendas contavam com pistas de pouso. Embora o sistema das fazendas tenha começado a colapsar na década de 1970, boa parte do território ainda estava nas mãos de latifundiários, que exploravam os povos indígenas em condições de semiescravidão, exerciam o direito de pernada e esmagavam qualquer tentativa de protesto com violência. Em conversas com os mais velhos durante as nossas visitas às comunidades, nas artes plásticas, músicas, poemas e peças de teatro apresentadas nos diversos eventos públicos e em muitos comunicados e palavras públicas tanto da comandância quanto das bases, a memória da vida nas fazendas, ainda hoje, é muito viva: lembrança traumática, mas também fonte de dignidade e de motivação para as novas gerações, com a consciência de que foi com a luta e a organização que conseguiram a liberdade.

A pequena cidade de San Cristóbal de Las Casas, nas montanhas, era o centro do poder do que no Brasil se chamaria de coronelismo. Durante muito tempo, ela funcionou como centro de distribuição de mão de obra indígena, recrutada na região de Los Altos, para as fazendas. O racismo era profundo e naturalizado. Exemplo disso: sendo uma cidade colonial, as calçadas são muito estreitas; quando um mestiço passava, o indígena tinha de descer e andar na rua.

No México, à diferença do Brasil, houve uma reforma agrária — deficiente, mas importante —, resultado da Revolução de 1910, cujos líderes mais importantes foram Pancho Villa no norte e Emiliano Zapata no sul. Mas essa reforma chegou muito precariamente a Chiapas, dominada pelo poder dos fazendeiros. Para tentar legalizar as terras, os povos precisavam caminhar durante dias até a capital do estado, Tuxtla Gutiérrez, repetidamente, durante anos, com duvidosos resultados. E mesmo quando obtinham os títulos de propriedade coletiva, os fazendeiros se utilizavam de

32   1 Breve história do zapatismo

guardias blancas (capangas) que torturavam e assassinavam lideranças e aterrorizavam as populações.

Foi a esse território que, em 1983, chegaram seis guerrilheiros pertencentes às Forças de Liberação Nacional (FLN), um grupo revolucionário marxista-leninista formado em 1969 em Monterrey, no norte do país, depois do massacre de Tlaltelolco em outubro de 1968, na Cidade do México, quando o exército cercou uma grande manifestação pacífica e atirou no povo, matando centenas de pessoas. Esse massacre sinalizou o fechamento das vias políticas pacíficas de protesto, o que levou à conformação de diversos grupos guerrilheiros e ao início da "guerra suja" como resposta do Estado, com torturas, assassinatos, desaparecimentos forçados e os famosos "voos da morte", quando o exército jogava presos políticos ao mar de aviões militares. Um dos grupos guerrilheiros que surgiram na época foram as FLN.

Depois de montarem um acampamento improvisado em algum lugar das montanhas, esses seis guerrilheiros fundaram o Exército Zapatista de Liberação Nacional em 17 de novembro de 1983 (o nome faz alusão a Emiliano Zapata, cujo lema era "a terra é de quem a trabalha"). Como foi que, ao longo de dez anos, esse pequeno grupo de seis guerrilheiros se transformou em um exército de milhares de indígenas que ocuparam sete cidades simultaneamente na madrugada do 1º de janeiro de 1994 e declararam a guerra ao governo mexicano? Essa é talvez uma das fases mais fascinantes do movimento, contada em parte pelos próprios zapatistas, da qual só poderemos fazer aqui um brevíssimo esboço.

A clandestinidade

Durante quase dois anos, os guerrilheiros se dedicaram quase inteiramente a sobreviver. É só a partir de 1985 que eles começam a fazer os primeiros contatos com as comunidades da selva. Os guerrilheiros desciam às comunidades se fazendo passar por professores, médicos ou engenheiros, conversavam, observavam e, aos poucos, iam ganhando a confiança de uma ou duas pessoas. O terreno era fértil. Por um lado, há mais ou menos uma década, o bispo Samuel Ruiz, conhecido nas comunidades carinhosamente como Tatik (Pai) Samuel, vinha fazendo um trabalho alinhado com a teologia da libertação em todo o estado. Em 1974, organizou um histórico Congresso Indígena, que transformou a consciência dos povos originários que dele participaram. Durante um ano, mil comunidades representando umas 400 mil pessoas se prepararam em encontros e assembleias, onde se discutiam as problemáticas da terra, educação, saúde, economia. O Congresso permitiu aos povos de diferentes partes do estado se conhecerem e compartilharem histórias de abuso e exploração, levando a uma compreensão mais sistêmica da opressão exercida tanto pelos fazendeiros quanto pelo Estado. Dessa experiência surgiu uma nova consciência coletiva e um sentido de dignidade de ser indígena. Em parte derivado dessa consciência, um número de organizações indígenas e camponesas começou a surgir, com o intuito de lutar pelo reconhecimento legal das terras conforme as normativas da reforma agrária. Como dissemos, o sucesso dessas lutas era muito relativo, e havia muita frustração e indignação perante o desprezo das autoridades e a violência dos fazendeiros. Assim, a opção da luta armada, que os guerrilheiros eventualmente revelavam, fazia muito sentido. Aos poucos, alguns iam aderindo às forças do EZLN, o que significava abandonar tudo e viver nos acampamentos no mato, na clandestinidade. Outros, porém, permaneciam na comunidade e iam convencendo outros.

Os insurgentes encarregados de fazer os primeiros contatos nas comunidades e de ir recrutando adeptos chamavam-se "comissários políticos". Eram não apenas homens, mas também mulheres, pois o EZLN nunca fez distinção de gênero, apesar de que, nas comunidades indígenas, a mulher era tradicionalmente muito reprimida. O trabalho das mulheres foi fundamental naquele momento, pois elas podiam se movimentar de uma comunidade a outra sem levantar tantas suspeitas. Falaremos mais adiante do papel da mulher no desenvolvimento do EZLN, em um contexto de extrema exclusão e violência de gênero.

Aos poucos, formaram-se "responsáveis" nas próprias comunidades, de forma que os insurgentes deixaram de fazer o trabalho direto de recrutamento. Os responsáveis ficaram encarregados de fazer o trabalho político nas comunidades. Assistiam às festas, assembleias e outras reuniões e observavam o comportamento das pessoas. Quem não bebe? Quem mostra responsabilidade e disciplina? Quem fala bem? Quem tem certa consciência e é bom mediador? Aos poucos, se aproximavam dessas pessoas, eventualmente lhes falavam da organização e iam recrutando tanto insurgentes e insurgentas que partiriam para os acampamentos na clandestinidade quanto membros da organização que permaneciam nas próprias comunidades, chamados de "bases de apoio".

34   1 Breve história do zapatismo

Os responsáveis também estavam encarregados de fazer o vínculo com os mandos insurgentes. Viajavam à noite, de preferência sob a chuva para não serem escutados, nunca pelos caminhos, mas por trilhas no mato, e levavam mensagens de um lado a outro. Organizavam, também, a coleta e envio de suprimentos aos insurgentes, com extremos cuidados de segurança. Eventualmente, quando a comunidade inteira já fazia parte da organização, se convocava uma reunião mais aberta, embora ainda com meticulosas medidas de segurança, à qual chegavam os insurgentes. Podemos imaginar o que era ver chegar esse grupo de homens e mulheres uniformizados, extremamente disciplinados e fortemente armados. A maioria indígenas como eles, descendo das montanhas, surgindo da floresta, com uma força e dignidade desconhecidas.

Era, então, a hora de começar a planejar a formação de milicianos e milicianas: grupos de pessoas com treinamento militar, mas que não são insurgentes, que permanecem nas comunidades. Para isso, era preciso encontrar algum lugar para treinar e garantir a segurança. Quando tudo estava pronto, chegavam insurgentes para conduzir a formação militar.

Também era preciso organizar trabalhos coletivos de forma a garantir a sustentabilidade econômica necessária para comprar armas, mochilas, botas, uniformes. Os responsáveis se encarregavam da vigilância, da disciplina e da resolução de conflitos.

Entretanto, nesse processo, algo insólito começou a acontecer. Os primeiros guerrilheiros originários das FLN chegaram com uma visão guevarista do processo revolucionário: a ideia de uma vanguarda que conscientizaria as massas e as lideraria numa luta de libertação. Essa visão, porém, não funcionava. Os povos tinham suas próprias formas organizativas, sempre vinculadas a formas de reflexão e tomada de decisões coletivas. A verticalidade de um exército insurgente, com sua estrutura de mandos, entrava em conflito com as formas inerentemente democráticas da tomada de decisões horizontal em assembleias dos povos originários.

Felizmente, o EZLN soube escutar; aos poucos, foi entendendo que o seu papel não era ser a vanguarda revolucionária que conscientizaria o povo; que, ao contrário, tinha muito que aprender das formas milenárias de resistência dos povos originários. Assim, aos poucos, o que começou a acontecer foi um hibridismo inédito, ou talvez um processo antropofágico, através do qual a luta armada e a politização oferecida pelos primeiros guerrilheiros foram

35   Alejandro Reyes

deglutidas e incorporadas pelos povos, rejeitando o vanguardismo. Assim, o EZLN foi se transformando em uma guerrilha única, profundamente indígena, orientada pelos sete princípios do que passaria a se chamar "mandar obedecendo": servir e não se servir, representar e não suplantar, construir e não destruir, obedecer e não mandar, propor e não impor, convencer e não vencer, descer e não subir. Foi graças a essa transformação que o EZLN começou a crescer exponencialmente a partir de 1988. Em um período de dois anos, o número de combatentes passou de oitenta a vários milhares. Anos depois, essa profunda "indianização" do movimento levaria à criação de uma estrutura que combinaria a verticalidade própria de um exército, com seu sistema hierárquico de mandos, e a horizontalidade da organização coletiva indígena. É por isso que o líder militar do EZLN é um subcomandante (Pedro, morto em combate no 1º de janeiro de 1994, Marcos durante muitos anos, agora Moisés), mas a comandância é coletiva, horizontal e civil: o Comitê Clandestino Revolucionário Indígena – Comandância Geral (CCRI- -CG do EZLN), composto por quase uma centena de comandantes e comandantas civis que moram nas comunidades e têm um senso muito íntimo das necessidades do povo.

Foi também nesses primeiros anos que a autonomia começou a se gestar. Naquelas reuniões clandestinas, não apenas se discutiam as problemáticas das comunidades e se gestava a politização mais ampla, mas também se pensavam soluções imediatas aos problemas mais urgentes. Assim, surgiram campanhas de saúde, coletivos produtivos, construção de moradias etc. Essas experiências inspirariam o que anos depois se tornaria o eixo fundamental que orientaria a luta zapatista: a *autonomia radical*.

Guerra

Grandes mudanças aconteciam no México e no mundo nos primeiros anos da década de 1990. Na Europa, cidadãos da Alemanha Oriental e da Alemanha Ocidental bebiam e dançavam, celebrando com grande balbúrdia a queda do Muro de Berlim, sinalizando o fim da Guerra Fria. Os apologistas do capitalismo irradiavam felicidade, e mentes como a do cientista político Francis Fukuyama anunciavam o fim da história, ou seja, o fim dos conflitos ideológicos e o feliz advento do livre mercado como via única para a humanidade. Enquanto isso, as esquerdas latino-americanas ficavam

1 Breve história do zapatismo

desbussoladas e Cuba, que tanto inspirara os movimentos revolucionários no continente, entrava num período que eles chamaram de "especial": uma crise que quase leva a ilha ao colapso, com o fim do apoio econômico da União Soviética.

Enquanto isso, no México, o presidente Carlos Salinas de Gortari impulsionava o neoliberalismo, privatizando os serviços do Estado e desmantelando as conquistas da Revolução de 1910, que custara a vida de um milhão de mexicanos. Duas medidas em particular eram fonte de extrema preocupação para os povos indígenas e camponeses do país. Por um lado, a mudança no Artigo 27 da Constituição, abrindo as portas à privatização dos *ejidos*. Os *ejidos* foram o principal instrumento da reforma agrária pós-revolucionária: terras coletivas não privatizáveis, que podem ser herdadas, mas não vendidas, e que são administradas pelas autoridades *ejidais*. A mudança constitucional permitiria, portanto, a especulação com as terras camponesas e sua exploração por empresas extrativas e pelo agronegócio. Por outro lado, a proposta de um Tratado de Livre Comércio da América do Norte entre o México, Estados Unidos e Canadá, que, entre outras coisas, abriria as portas ao milho transgênico e subsidiado dos Estados Unidos. A devastação que isso ocasionaria (e ocasionou) no campo mexicano é indescritível. O milho é o fundamento da alimentação, da cultura e da economia dos povos mesoamericanos, e a inundação do mercado pelo milho estadunidense não só devastaria a economia camponesa, mas também teria um impacto cultural grave. O milho foi, de fato, uma criação dos povos mesoamericanos, que o desenvolveram ao longo de muitos séculos, e, segundo o *Popol Vuh*, os maias são os homens e mulheres de milho, modelados pelos deuses primeiros, "os que nasceram o mundo", com essa matéria sagrada. A ameaça que o milho agroindustrial significava para as sementes nativas se traduzia em uma ameaça ao próprio ser indígena.

Essas duas medidas foram a faísca que levou os zapatistas a optarem pela guerra, após uma longa consulta realizada em todas as comunidades em 1992. Essa decisão levou a um conflito com a hierarquia das FLN, que considerava que não existiam as condições necessárias para a guerra. Mas as comunidades tinham decidido, e o EZLN, que nessa altura já era uma organização orientada pelo "mandar obedecendo", começou os preparativos para a guerra. Isso levou à ruptura com as FLN, à autonomia do EZLN e à criação do CCRI-CG — a partir daí, o EZLN seria comandado pelos povos.

Nesse mesmo ano, em 12 de outubro de 1992, dia em que se comemoravam os quinhentos anos da invasão europeia ao continente americano, 10 mil zapatistas, se fazendo passar por uma organização camponesa (ANCIEZ), invadiram a pequena cidade colonial de San Cristóbal de Las Casas e derrubaram a estátua do conquistador Diego de Mazariegos. Esse ato foi, de fato, um primeiro ensaio para a invasão armada dessa cidade, planejada para o 1º de janeiro de 1994, no dia em que entraria em vigor o Tratado de Livre Comércio. Foi na madrugada desse dia, enquanto na bela cidade alguns transeuntes e turistas ainda caminhavam trôpegos pelas ruas estreitas e geladas entre casas coloridas e mansões coloniais depois da farra do réveillon, que milhares de indígenas armados, liderados pela Major Ana Maria, invadiram a cidade e tomaram a prefeitura. Ao mesmo tempo, outros batalhões tomavam outras seis cidades de Chiapas, numa espetacular ação militar coordenada. Da varanda da prefeitura de San Cristóbal recém-ocupada, o Subcomandante Marcos leu a Primeira Declaração da Selva Lacandona,[23] na qual o EZLN explicava suas demandas (terra, trabalho, alimentação, moradia, saúde, educação, independência, democracia, liberdade, informação, cultura, justiça e paz para todos e todas) e declarava guerra ao governo mexicano.

Naquele dia, o Subcomandante Pedro caiu em combate em Las Margaritas e, em Ocosingo, muitos zapatistas foram massacrados quando se viram emboscados na feira da cidade. No entanto o extraordinário sucesso de uma ação militar dessa magnitude por parte de um exército revolucionário indígena, do qual ninguém tinha ouvido falar, chamou a atenção do mundo inteiro.

Aquilo foi um banho de água fria para aqueles que celebravam a entrada do México no time do "primeiro mundo" e, sobretudo, para os planos neoliberais do presidente Carlos Salinas de Gortari, mas também para os proponentes do fim da história e da vitória do capitalismo. O levantamento deu um novo impulso às esquerdas do continente e de muitas partes do mundo, reacendendo a esperança de que "outro mundo é possível". Uns anos depois, as lutas antiglobalização do movimento altermundista se inspirariam no exemplo zapatista e adotariam como bandeira de luta, justamente, o lema "outro mundo é possível".

A resposta do Estado ao levantamento foi brutal. Nos dias seguintes, aviões e helicópteros bombardearam as comunidades das

---

23 Disponível em https://radiozapatista.org/?p=20280.

38 1 Breve história do zapatismo

montanhas e da selva, assassinando muitos indígenas zapatistas e não zapatistas e cometendo inumeráveis violações de direitos humanos, ao mesmo tempo que montavam uma forte campanha midiática de desprestígio, acusando o EZLN de ser um grupo de indígenas manipulados por forças estrangeiras com interesses obscuros. Porém os comunicados zapatistas que começaram a fluir, com suas análises profundas da situação nacional numa linguagem irônica e irreverente, tão diferente dos discursos engessados do marxismo tradicional, contavam uma história muito diferente. Quando Salinas ofereceu um "perdão" aos insurgentes, conquanto que eles deixassem as armas, o EZLN respondeu:

De que vão nos perdoar? De não morrer de fome? De não calar nossa miséria? De não aceitar humildemente a gigantesca carga histórica de desprezo e abandono? De termos nos levantado em armas quando encontramos todos os caminhos fechados? De ter mostrado ao país e ao mundo inteiro que a dignidade humana vive ainda e está em seus habitantes mais pobres? De ter levado fuzis ao combate em vez de arcos e flechas? De sermos mexicanos? De sermos majoritariamente indígenas? De convocar ao povo mexicano a lutar de todas as formas possíveis pelo que lhes pertence? De lutar pela liberdade, a democracia e a justiça? De não seguir os padrões das guerrilhas anteriores?

Quem tem de pedir perdão e quem pode outorgá-lo? Os que durante anos e anos sentaram à mesa cheia e se saciaram enquanto conosco sentava a morte, tão cotidiana, tão nossa que terminamos por deixar de temê--la? Os que nos encheram os bolsos e a alma de declarações e promessas? Os mortos, nossos mortos, tão mortalmente mortos de morte "natural", ou seja, de sarampo, coqueluche, dengue, cólera, tifoide, mononucleose, tétano, pneumonia, paludismo e outras lindezas gastrointestinais e pulmonares? Nossos mortos, tão majoritariamente mortos, tão democraticamente mortos de pena porque ninguém fazia nada, porque todos os mortos, nossos mortos, partiam de qualquer jeito, sem que ninguém os contasse, sem que ninguém dissesse por fim o "JÁ BASTA!" que devolvesse a essas mortes o seu sentido, sem que ninguém pedisse aos mortos de sempre, os nossos mortos, que voltassem a morrer, mas agora para viver?[24]

A resposta da maior parte da população não só do México, mas do mundo, foi contundente. Muitas organizações internacionais denunciaram as atrocidades cometidas pelo exército mexicano e exigiram o fim das hostilidades, e houve protestos em muitas partes do país. Doze dias depois do início da guerra, mais de 100 mil pessoas

---

24 Subcomandante Insurgente Marcos, "¿De qué nos van a perdonar?", 18 jan. 1994, *Enlace Zapatista*, em https://enlacezapatista.ezln.org.mx/1994/01/18/de-que-nos-van-a-perdonar/.

Alejandro Reyes

inundaram o Zócalo, a praça central da Cidade do México, exigindo o fim da guerra, forçando o governo mexicano a declarar cessar-fogo. A mensagem era clara: o povo do México concordava com as demandas do EZLN, mas não com a guerra. E o EZLN soube escutar. Anos depois, o Subcomandante Marcos contou que, naquele momento, eles se perguntaram qual seria o seguinte passo:

> Preparar os seguintes no caminho da morte? Formar mais e melhores soldados? Investir esforços para melhorar nossa precária maquinaria de guerra? Simular diálogos e disposição de paz, mas continuar preparando novos golpes? Matar ou morrer como único destino? Ou deveríamos reconstruir o caminho da vida, aquele que os de cima tinham quebrado e continuavam quebrando?[25]

Assim começou uma nova fase do zapatismo. Depois de ter se preparado durante dez anos para a guerra, o EZLN mudou de rumo e nunca mais usou as armas, embora continue armado. Foi o tempo da palavra, do diálogo com o governo, mas sobretudo com a sociedade civil.

A palavra

Os diálogos com o governo começaram em fevereiro na catedral de San Cristóbal, com a mediação do Bispo Samuel Ruiz. Uma cena própria do realismo fantástico, como tantas encenadas pelo zapatismo. A catedral da tão católica, conservadora e racista sede do poder latifundiário, rodeada de centenas de pessoas gritando ¡Viva!, enquanto dezoito guerrilheiros indígenas e um mestiço, fortemente armados e encapuçados com *pasamontañas* (balaclava), sentavam à mesa com o bispo "vermelho" e os negociadores do Estado, e uma diminuta porém imensa mulher, a Comandanta Ramona, estendia uma grande bandeira mexicana, ajudada pelo negociador em chefe do governo, Camacho Solís, que não quis deixar de se mostrar tão patriótico quanto os insurgentes.

> Vocês nos pediram dar uma oportunidade à paz e nós viemos aqui com ânimo verdadeiro e honesto. Se houver outro caminho ao mesmo lugar, àquele onde esta bandeira possa voar com democracia, liberdade e justiça, mostrem-no. [...] Se for possível que não sejam necessários as armas e os exércitos, sem que haja sangue e fogo para lavar a história, que seja. Mas, se não? Se vocês voltarem a fechar todas as portas? Se a palavra não

---

25 Subcomandante Insurgente Marcos, "Entre la luz y la sombra", 25 mai. 2014, Rádio Zapatista, em https://radiozapatista.org/?p=9766.

40 | 1 Breve história do zapatismo

conseguir pular os muros da soberba e da incompreensão? Se a paz não for digna e verdadeira, quem nos negará o sagrado direito de viver e morrer como homens e mulheres verdadeiros?[26]

As propostas do governo continham muitas promessas e poucas ações verdadeiras. Acostumados às formas verticais da política, os negociadores pensavam sair com um documento assinado. O EZLN, porém, anuncia que é preciso consultar as comunidades. Entretanto, as condições para a continuação do diálogo se esvaem perante a decomposição interna do PRI, o partido no poder durante quase sete décadas: o assassinato do candidato presidencial Luis Donaldo Colosio e depois do secretário geral, José Ruiz Massieu.

O EZLN inicia então um diálogo direto com a sociedade civil e convoca uma Convenção Nacional Democrática na Selva Lacandona, no coração do território rebelde, à qual assistem cerca de 6 mil delegados de organizações de esquerda do país.

É nesse período também que muitas organizações indígenas realizam retomadas massivas de terras em Chiapas. Com o levantamento, muitos latifundiários fugiram e grandes extensões de terras foram recuperadas pelo zapatismo. Como veremos, essas recuperações de terra dariam ao zapatismo as condições materiais necessárias para construir a autonomia. Agora, muitas outras organizações indígenas e camponesas também recuperavam grandes extensões de terras.

Vale a pena aqui nos determos um pouco na questão da terra e do território. A noção de terra e território não é, de forma alguma, alheia à Teia dos Povos. Ao contrário, é o núcleo da luta da Teia, fundamental para a construção da autonomia. Não é à toa que o título do magnífico livro do Mestre Joelson Ferreira e Erahsto Felício seja *Por terra e território*. A mesma concepção de Mãe Terra como território vivo descrita nesse livro é a que têm os povos indígenas em geral e os zapatistas em particular. Se por terra pode se considerar o espaço físico, território é tudo o que nela vive, um espaço com relações e significados próprios.

> Porque uma coisa é você ter um lote de dez hectares de terra, outra coisa é você viver em um território com matas, lajedos, rios, lagos etc. Quando pensamos em território, não estamos falando de um quadrado ou de uma demarcação com determinado aspecto. Estamos falando de um lugar

---

26 CCRI-CG, "Informe del Diálogo para la Paz", 23 fev. 1994, *Enlace Zapatista*, em https://enlacezapatista.ezln.org.mx/1994/02/23/informe-del-dialogo-para-la-paz/.

cheio de símbolos de pertencimento alicerçados na abundância da vida. É o que chamamos de *para além da cerca*.[27]

É no território que se torna possível construir a autonomia, o que implica criar formas outras de convivência, regidas por uma ética diferente — uma ética de vida coletiva, de colaboração em vez de competição, de companheirismo e solidariedade, com a compreensão de que o bem individual se deriva do bem comum. Uma ética, enfim, comprometida com a defesa da vida.

No caso do zapatismo, a construção desse território foi possível graças às dezenas de milhares de hectares recuperadas em 1994. Como dissemos, com o levantamento, muitos fazendeiros e latifundiários que durante décadas oprimiram os povos indígenas fugiram com pavor do que esses mesmos povos, agora com um exército insurgente, poderiam lhes fazer. O caso mais emblemático foi do brutal General Absalón Castellanos, um dos maiores latifundiários de Chiapas e governador do estado de 1982 a 1988. Em 1º de janeiro de 1994, ele foi preso pelos zapatistas em uma de suas fazendas e, posteriormente, julgado num tribunal popular, onde foi declarado culpado de "violação aos direitos humanos indígenas, roubo, espolio, sequestro, corrupção e assassinato" e condenado "a prisão perpétua, fazendo trabalhos manuais em uma comunidade indígena de Chiapas". Entretanto, a seguir, a conclusão do tribunal especifica:

> Como mensagem para o povo do México e os povos e governos do mundo, o Tribunal de Justiça Zapatista do EZLN comuta a pena de prisão perpétua [...], o liberta fisicamente e, em vez disso, o condena a viver até o último dos seus dias com a pena e a vergonha de ter recebido o perdão e a bondade daqueles a quem por tanto tempo humilhou, sequestrou, espoliou, roubou e assassinou.[28]

As terras recuperadas permitiram criar povoados e comunidades, onde famílias jovens sem-terra se estabeleceram, assim como terras de trabalho coletivo, que são a base da soberania econômica. Nos próximos capítulos voltaremos sobre o tema do trabalho coletivo na construção das diferentes áreas da autonomia zapatista.

27　Joelson Ferreira e Erahsto Felício, *Por terra e território: caminhos da revolução dos povos no Brasil*, Arataca (BA), Teia dos Povos, 2021, p. 43.

28　CCRI-CG do EZLN, "CONCLUSIONES DEL JUICIO POPULAR seguido para establecer responsabilidad del señor general de división Absalón Castellanos Domínguez", disponível em https://palabra.ezln.org.mx/comunicados/1994/1994_01_20_e.htm.

42 1 Breve história do zapatismo

Ao longo de 1994, o exército mexicano criou um cerco militar em volta do território controlado pelo EZLN, na Selva Lacandona. Em dezembro desse ano, o EZLN anuncia uma campanha militar que, nesse mês, sem qualquer confrontação armada, consegue furar o cerco militar, e anuncia a criação de trinta Municípios Autônomos Rebeldes Zapatistas (MAREZ), cercando assim a quem os cercava e estendendo o território rebelde muito significativamente. Isso representa um importante golpe tanto midiático quanto efetivo para o governo.

O presidente Ernesto Zedillo, no meio de uma grave crise política e à beira de um colapso econômico, convida a Comandância do EZLN a um diálogo em Guadalupe Tepeyac (o lugar onde os zapatistas construíram o espaço de encontro para a Convenção Nacional Democrática), na Selva Lacandona. A verdadeira intenção era capturar ou assassinar as lideranças zapatistas num ataque militar, que começa em 9 de fevereiro de 1995. Um grande operativo de vários milhares de soldados avança lentamente pelas estradas de barro, tendo de lidar constantemente com árvores caídas e todo tipo de obstáculos, apoiados por paraquedistas da força aérea, a caminho de Guadalupe Tepeyac. Mas os zapatistas não caem na armadilha e Marcos e a comandância fogem para os territórios mais inacessíveis da selva. Milhares de zapatistas bases de apoio fogem também das suas comunidades, enquanto o exército destrói casas, queima os pertences, mata animais. Apesar da destruição, a manobra fracassa. "Bem-vindo ao pesadelo", o EZLN tinha advertido Zedillo no início do seu mandato.

Finalmente, os diálogos recomeçam em 1995, primeiro no povoado de San Miguel e depois em San Andrés Larráinzar, renomeado "San Andrés Sakamch'em de los Pobres" pelos zapatistas, na região de Los Altos de Chiapas. Para o governo, tratava-se de uma negociação com a cúpula do movimento insurgente. Para o EZLN, tratava-se de um diálogo nacional com o intuito de construir um novo projeto de nação e uma nova Constituição. Portanto, a Comandância convidou uma centena de assessores, representantes de um amplo leque de setores da sociedade. Dessa participação da sociedade nos diálogos, e do Foro Nacional Indígena celebrado em janeiro de 1996, surgiu, meses depois, o Congresso Nacional Indígena — inaugurado na Cidade do México com a presença da Comandanta Ramona —: uma articulação em rede que reúne um grande número de povos indígenas do país, ainda hoje de grande relevância.

43 Alejandro Reyes

Seis mesas conformariam os diálogos de San Andrés, a primeira da qual tratava dos "direitos e cultura indígenas". Em fevereiro de 1996, essa mesa concluiu, não sem muitos conflitos, com a assinatura dos Acordos de San Andrés, que em essência garantiam o direito de autogoverno dos povos originários do país e o seu controle dos recursos naturais presentes em seus territórios. Os Acordos requeriam uma revisão constitucional, mas o presidente Zedillo se recusou a implementá-la. Assim, quebra-se a possibilidade do diálogo e as seguintes mesas nunca sequer são discutidas.

Em vez disso, Zedillo aprofunda uma política de militarização e paramilitarização, presente desde o início do conflito, mas levada adiante naquele momento com muito mais violência, para destruir o zapatismo. No Plano de Campanha Chiapas 94, o exército mexicano determinava criar, treinar e armar grupos paramilitares, compostos por membros de comunidades indígenas afins ao governo, para atacar as comunidades zapatistas. Durante toda a segunda metade da década de 1990, sobretudo a partir de 1996, esses grupos paramilitares semearam o terror em comunidades zapatistas ou simpatizantes. A pior e mais conhecida infâmia perpetrada por esses grupos foi o massacre de Acteal, cometido contra uma organização não zapatista, simpatizante porém pacifista, orientada pela teologia da libertação, chamada Las Abejas de Acteal. Em 22 de dezembro de 1997, 45 pessoas, a maioria mulheres e crianças, além de quatro bebês ainda no ventre das mães, foram assassinadas enquanto rezavam pela paz na igreja da comunidade.

Nesse contexto, nos anos seguintes, o zapatismo, além de defender seu território de forma pacífica, concentrou seus esforços em pressionar o governo para que implementasse os Acordos de San Andrés, por um lado, e em fortalecer o diálogo com a sociedade civil, por outro. As diversas iniciativas daqueles anos se constituem em verdadeiras lições que mostram na prática que há outra forma de fazer política e em exemplos vivos de um pensamento autônomo que contagiou muitos setores da sociedade. Exemplo disso é a grande consulta nacional realizada em 1998 para explicar a importância dos Acordos, consultar o povo mexicano a esse respeito e convocar o apoio da população.[29] Mas como realizar uma consulta nacional em todos os municípios do país, sem financiamento oficial, sendo apenas

---

29 CCRI-CG do EZLN, "Quinta Declaración de la Selva Lacandona", jul. 1998, disponível em Rádio Zapatista, https://radiozapatista.org/?p=20289.

44   1 Breve história do zapatismo

uma organização guerrilheira indígena de um dos estados mais pobres do México? Com autonomia e a participação ativa de muitas organizações de esquerda e centenas de pessoas solidárias e comprometidas. Uma mobilização nacional de grandes dimensões se instaurou para receber 2500 homens e 2500 mulheres zapatistas em todos os municípios do país e realizar a consulta de forma inteiramente autônoma, com um total de 2,8 milhões de votantes. Como em todas as iniciativas zapatistas, o processo foi tão importante quanto o resultado, ou mais. Independentemente do resultado da consulta — que mostrou um sólido apoio por parte da população —, o processo desse grande esforço organizativo foi formativo no sentido de um pensamento político fora da política partidária.

Em 2000, o Partido Revolucionário Institucional (PRI), que durante 71 anos permaneceu no poder e que Mário Vargas Llosa denominou "a ditadura perfeita",[30] perdeu as eleições para o Partido de Ação Nacional (PAN), de direita. Vicente Fox, o novo presidente, afirmou ter a disposição de chegar a um acordo com o EZLN (segundo ele, resolveria o problema "em quinze minutos"). O EZLN anunciou a Marcha da Cor da Terra, a ser realizada em 2001, para dialogar no Congresso da União e tentar convencer os legisladores da importância de implementar os Acordos de San Andrés. Depois de uma despedida em San Cristóbal de Las Casas com a presença de 20 mil bases de apoio, 23 Comandantes e o Subcomandante Marcos percorreram, durante 37 dias, doze estados e 3 mil quilômetros, participando em setenta atos multitudinários que mobilizaram centenas de milhares de pessoas, chegando finalmente ao Zócalo da Cidade do México. Depois de um tenso impasse, a pressão popular fez com que os legisladores não conseguissem mais impedir que um grupo de rebeldes encapuzados entrassem em tão nobre recinto. Supreendentemente, o Subcomandante Marcos não entrou, mostrando assim que não eram os mandos militares os que estabeleceriam o diálogo, mas a Comandância civil, e que, portanto, o interesse do zapatismo numa resolução pacífica era autêntico. A principal fala no Congresso da União foi a da Comandanta Esther... um discurso inesquecível no qual descreveu o que significa ser mulher, indígena e pobre no México e as razões pelas quais era de tão fundamental importância que os Acordos se cumprissem.

---

30   Apesar das muitas burrices ditas pelo escritor peruano ao longo da sua vida, essa avaliação do domínio do PRI é muito coerente e vale muito a pena escutá-la. Disponível em https://youtu.be/kPsVVWg-E38?si=qGTwAlnXe3dEuaZS.

A Comandância volta então a Chiapas com a convicção de que a marcha, as palavras da Comandanta e sobretudo a imensa mobilização da sociedade civil levariam à aprovação, finalmente, dos Acordos de San Andrés. Entretanto, no Congresso, todos os partidos políticos, incluindo a esquerda institucional, terminam aprovando uma reforma constitucional de caráter assistencialista que contradiz o espírito e a letra dos Acordos, negando de fato a autonomia indígena. Esse momento é um divisor de águas na história do zapatismo. O EZLN entende com isso que não há nenhuma possibilidade de diálogo honesto com o poder, que não há reforma possível do Estado e que a única via é a autonomia de fato, na prática, sem reconhecimento oficial. "Não precisamos de permissão para sermos livres", foi a conclusão. Inicia-se então a fase da autonomia radical.

Festival CompArte 2018, Sementeiro Comandanta Ramona, Caracol de Morelia, agosto de 2018. Foto: "Frijolito" para Rádio Zapatista.

Autonomia radical

Depois de um silêncio de dois anos, em agosto de 2003 os zapatistas anunciam a criação de cinco Juntas de Bom Governo (JBG) que operariam em cinco *caracóis* (espaços administrativos e de encontro com a sociedade civil), correspondentes às cinco zonas do território rebelde. As Juntas de Bom Governo constituiriam

46   1 Breve história do zapatismo

agora o governo civil das zonas, que coordenaria a governança dos Municípios Autônomos Rebeldes Zapatistas (MAREZ) nelas contidos, criados desde dezembro de 1994. No capítulo 3, falaremos mais detalhadamente sobre o funcionamento do governo autônomo zapatista. Por agora, basta dizer que essa iniciativa constituiu, durante vinte anos, um dos exemplos de democracia direta mais importantes do mundo: um governo civil, autônomo, horizontal, coletivo, rotativo, inteiramente desvinculado das estruturas do governo oficial, composto por autoridades eleitas em assembleias, que não recebem salário e cujas funções, em vez de ser um privilégio (e uma oportunidade para o enriquecimento pessoal), representam um compromisso com a coletividade. Um governo, enfim, que se rege pelos sete princípios do "mandar obedecendo", cujo mandato é obedecer a vontade das centenas de milhares de camponeses organizados das comunidades zapatistas. A partir de finais de 2023, esse sistema de governo autônomo mudou radicalmente, como resposta tanto a uma conjuntura extremamente violenta que discutiremos brevemente no final deste capítulo, quanto aos aprendizados ao longo de vinte anos, se tornando ainda mais democrático.

A criação das Juntas de Bom Governo responde naquele momento a duas necessidades. Por um lado, entendem que as comunidades não devem ser governadas pela estrutura vertical, militar, do EZLN, pois isso contraria uma das demandas fundamentais do movimento: a democracia radical. Por outro lado, os apoios solidários da sociedade civil tanto do México quanto estrangeira se distribuíam de forma muito desigual, favorecendo as comunidades (e as famílias ou indivíduos) com quem os solidários tinham contato direto. Uma das funções das JBG seria, portanto, a distribuição equitativa dos recursos econômicos entre os municípios autônomos sob seu controle, conforme as necessidades dos mesmos. Por outro lado, as JBG também seriam responsáveis pela condução da justiça autônoma, da qual também falaremos mais adiante — uma justiça restaurativa, não punitiva, gratuita, que não envolve multas ou prisão, fundamentada nas tradições indígenas do diálogo e do consenso, inteiramente independente do sistema de justiça oficial, procurada inclusive por não zapatistas.

Ao mesmo tempo, o contato da sociedade civil com o zapatismo aconteceria agora por meio dos *caracóis*. Trata-se de grandes espaços físicos em cada uma das cinco zonas (hoje são doze), onde até finais de 2023 operavam as Juntas de Bom Governo e representações dos Conselhos Municipais (as estruturas de governo dos municípios

47   Alejandro Reyes

autônomos), e onde se formam os promotores das diversas áreas da autonomia, que resumiremos brevemente mais adiante neste capítulo e examinaremos mais profundamente nos posteriores capítulos deste livro. E são, também, espaços de encontro com a sociedade civil. O caracol tem uma forte simbologia. Na escrita maia (e asteca e a de outros povos indígenas mesoamericanos) simboliza a palavra, o diálogo. Sua forma em espiral implica também o encontro: a palavra que entra e sai, se transformando no processo, mediada pela escuta atenta e respeitosa. É soprando um caracol marinho que, tradicionalmente, nas comunidades maias, se convocam as assembleias e outras reuniões e se anuncia o início dos rituais nas diversas práticas espirituais ancestrais. Ele simboliza também o tempo outro dos povos originários, tão longe do ritmo apressado das culturas ocidentais e do seu tão prezado produtivismo; um tempo que implica a escuta verdadeira, o diálogo respeitoso e a reflexão sentipensada. Disse o Subcomandante Marcos na ocasião:

> Dizem que dizem que diziam que o caracol representa o entrar no coração, que assim chamavam os mais primeiros o conhecimento. E dizem que dizem que diziam que o caracol também representa o sair do coração para caminhar o mundo, que assim chamaram os primeiros a vida. E não só, dizem que dizem que diziam que com o caracol se chamava o coletivo para que a palavra fosse de um a outro e nascesse o acordo. E também dizem que dizem que diziam que o caracol era ajuda para que o ouvido escutasse inclusive a palavra mais longínqua. Isso dizem que dizem que diziam...[31]

É a partir da criação dos caracóis que inicia um maior desenvolvimento e sistematização das diferentes áreas da autonomia.

A saúde autônoma começou a se gestar mesmo antes do levantamento, perante a urgência de atender a grave situação das comunidades, nas quais, como temos visto, as crianças morriam regularmente de doenças curáveis. Assim, começam a se estabelecer clínicas e comissões de saúde em algumas comunidades. Porém é a partir da criação dos caracóis que a saúde começa a tomar forma como um sistema coordenado e autônomo, com a construção de microclínicas na maioria das comunidades e clínicas maiores ou hospitais em nível de zona. Trata-se de um sistema inteiramente autônomo, sem nenhum financiamento ou intervenção de nenhum nível do Estado,

---

31   "Chiapas: la treceava estela. Primera parte: um caracol", *Enlace Zapatista*, jul. 2003, em   https://enlacezapatista.ezln.org.mx/2003/07/21/chiapas-la-treceava-estela-primera-parte-un-caracol/.

48   1 Breve história do zapatismo

desenvolvido inteiramente com os esforços coletivos das bases zapatistas e o apoio solidário de médicos, indivíduos e organizações de luta do México e de outros países. Esse sistema de saúde combina hoje tanto a medicina ocidental quanto a tradicional maia.

O sistema de educação autônoma começa a se formar em finais da década de 1990, quando se toma a decisão coletiva de expulsar os professores oficiais das comunidades zapatistas, com a convicção de que, com a política assimilacionista nacional, sua presença era mais negativa do que positiva. Tal qual a saúde, a educação se transforma em um sistema coordenado e autônomo a partir da criação dos caracóis, que servem como espaços de formação de promotores e promotoras.

A soberania econômica também se promove de forma mais coordenada. Mecanismos de sustentabilidade econômica fundamentados sobretudo no trabalho coletivo e na criação de cooperativas já eram uma realidade desde a época da clandestinidade, necessários para financiar o exército insurgente e para fazer frente às carências das comunidades. Porém, com a estrutura das Juntas de Bom Governo e dos Conselhos Municipais, se torna possível coordenar as iniciativas econômicas de forma muito mais organizada.

Um dos aspectos cruciais do zapatismo ao longo da sua história tem sido a mudança radical do papel da mulher, profundamente desigual nas comunidades tradicionais. Essa transformação começou desde os tempos da clandestinidade, sobretudo com a Lei Revolucionária de Mulheres e com a estrutura de mandos militares do EZLN. Com a criação das estruturas de governo autônomo, porém, o papel da mulher se torna ainda mais central.

Também começam a se formar comissões de agroecologia, comunicação, transporte e muito mais. É importante frisar novamente: tudo isso, sem nenhum financiamento do Estado nem do capital empresarial, "apenas" com o esforço incansável e a organização perseverante de centenas de milhares de camponeses organizados e da solidariedade de diferentes setores da sociedade civil nacional e internacional.

Uma luta nacional e internacional

Como diz o Mestre Joelson, nenhuma luta sobrevive por si só, sem fazer alianças além do seu contexto local; sem se transformar, de fato, em um elemento de uma luta mais ampla, global. Em 2005, o EZLN publica a Sexta Declaração da Selva Lacandona,[32] que propõe

---

32 Disponível, em português, em https://enlacezapatista.ezln.org.mx/2005/06/30/sexta-declaracao-da-selva-lacandona/.

49   Alejandro Reyes

uma luta nacional e internacional *de abajo y a la izquierda* — ou seja, anticapitalista (de esquerda) e de base, fora dos partidos políticos e das instituições (de baixo). A Sexta Declaração propõe a construção e fortalecimento de focos de autonomia, cada um do seu jeito e conforme suas próprias formas de luta, e sua articulação em rede, com o intuito de construir um sujeito político global, porém plural e diverso, na contramão da globalização capitalista homogeneizante. Uma proposta, de fato, que tem tudo a ver com a ideia de núcleos e elos da Teia dos Povos.

Em meados desse ano, o EZLN convocou a sociedade a uma série de reuniões na Selva Lacandona para definir os primeiros passos dessa nova fase de luta. Nessas reuniões, o mais surpreendente, pelo menos para mim, foi a extraordinária capacidade de escuta da comandância zapatista. O resultado dessas reuniões foi a "Outra Campanha", uma viagem do Subcomandante Marcos, naquele momento transformado em "Delegado Zero", para se encontrar com os povos *de abajo y a la izquierda* de todo o país, coincidindo com as campanhas para as eleições presidenciais. O propósito da Outra Campanha, porém, não era fazer promessas ou procurar adeptos para o zapatismo; era mostrar que há outros caminhos além dos institucionais — e que os institucionais nunca são a solução. Esperava-se que, nessa escuta de muitas vias das dores diferentes e similares, surgisse uma luta nacional contra o inimigo comum: o sistema capitalista. Os encontros não eram necessariamente massivos. A ideia era a escuta e a troca. A Outra Campanha criou uma oportunidade única de encontros entre setores da sociedade que dificilmente poderiam ter se encontrado em outras condições. Donas de casa, trabalhadoras e trabalhadores sexuais, operários, camponeses, universitários, jovens anarcopunks, sindicalistas, povos indígenas e camponeses, artistas, favelados e periféricos e residentes dos *barrios bravos* urbanos e muito mais. A possibilidade de trocar experiências e descobrir que, apesar das diferenças, as dores são similares e o inimigo é o mesmo, sob diferentes máscaras, deu um impulso importante à organização social, embora não tenha resultado na grande articulação que se esperava, sobretudo devido ao nível de repressão por parte do Estado. Em maio desse ano, a polícia invadiu o povoado de Atenco, aderente à Sexta Declaração, assassinou dois jovens, prendeu umas duzentas pessoas e levou a prática do terrorismo de Estado a um novo patamar, com estupros e outras agressões sexuais sistemáticas a dezenas de mulheres e homens por parte da polícia.

50   1 Breve história do zapatismo

De 2006 a 2009, o EZLN promoveu uma série de encontros internacionais "dos povos Zapatistas com os povos do mundo" em seus territórios, como parte de um esforço para articular a luta ao nível mundial. O último dessa série de encontros foi o Encontro de Mulheres "Mamá Corral", no Caracol de Oventic, em março de 2009. O ambiente de repressão durante a Outra Campanha e depois, e o sucesso apenas parcial da iniciativa, os levou, depois desse encontro, a quase quatro anos de silêncio, de reestruturação; silêncio esse que foi quebrado em finais de 2012, paradoxalmente, com a Marcha do Silêncio. Em 21 de dezembro de 2012 — data que, no calendário maia, sinaliza uma mudança de ciclo longo (*baktún*), e que os entusiastas das teorias mirabolantes interpretaram como o anúncio do fim do mundo —, 40 mil zapatistas invadiram cinco cidades de Chiapas, de certa forma uma reencenação, desta vez sem armas, da ocupação das mesmas cidades em 1º de janeiro de 1994. Em cada uma das cidades, milhares e milhares de homens e mulheres marcharam com impressionante disciplina e, num silêncio ensurdecedor, passaram com o punho levantado por um pequeno palco montado na praça principal, antes de partir no mesmo silêncio com que chegaram. Horas depois, o comunicado:

ESCUTARAM?
É o som do seu mundo desabando.
É o som do nosso ressurgindo.
O dia que foi o dia, era noite.
E noite será o dia que será o dia.[33]

Essa marcha marcou o início de um novo capítulo do zapatismo. De agosto de 2013 a janeiro de 2014, em três diferentes momentos, com a participação de cerca de 6 mil pessoas de muitas partes do mundo, tivemos a oportunidade de assistir à Escolinha da Liberdade Segundo os Zapatistas: cada indivíduo hospedado com uma família zapatista em alguma parte do território rebelde, com a assistência de um *votán* (guardião ou guardiã), conviveu na comunidade durante cinco dias, vivenciando o que significa viver a autonomia na prática. A Escolinha consistiu em trabalhar com a família na roça, participar de todas as atividades da vida

---

33   Disponível em https://enlacezapatista.ezln.org.mx/2012/12/21/comunicado-del-comite-
-clandestino-revolucionario-indigena-comandancia-general-del-ejercito-zapatista-de-libera-
cion-nacional-del-21-de-diciembre-del-2012/.

51 Alejandro Reyes

camponesa e, à tarde, estudar os cadernos criados por eles,[34] onde se descrevem as diferentes áreas da autonomia zapatista, o funcionamento do governo autônomo, a participação das mulheres e o que o zapatismo entende por resistência autônoma, acompanhados sempre pelo *votán*, que ajudava tirando dúvidas e servindo de tradutor ou tradutora, em comunidades onde muita gente não fala espanhol. Os idosos, as pessoas com alguma questão de saúde e as pessoas com filhos muito pequenos (o meu tinha menos de dois anos) ficaram no Caracol de Oventic, que tem um hospital autônomo e fica a apenas uma hora de distância de San Cristóbal. Lá, em vez de trabalhar na roça, visitamos as instalações educativas, de saúde, de comunicação, cooperativas, oficinas, o laboratório de agroecologia e todas as instâncias do governo autônomo. Para que nós, os adultos, pudéssemos aprender sem preocupações com os filhos, cada criança teve também um ou uma *votán* que cuidava-lhe durante o dia, organizando brincadeiras e jogos coletivos com os brinquedos que os *compas* levaram para entreter a criançada (um "terreiro lúdico" zapatista).

A Escolinha foi inteiramente gratuita, cobrando apenas o custo de impressão dos cadernos, possibilitada com um esforço imenso por parte das comunidades, com o generoso intuito de contagiar o pensamento autonômico e fomentar uma luta global anticapitalista. Nesse processo, certamente o conhecimento teórico foi importante, embora a "teoria" expressada nos cadernos fosse sempre fundamentada na prática. Mas, no meu entender, o aspecto mais importante, e o que maior efeito teve em muitas pessoas, foi a vivência íntima de uma forma de ser e de se relacionar com os outros, com a natureza e com o mundo inteiramente diferente da hegemônica capitalista. O que ficou claro naquela experiência é que a autonomia implica não "apenas" criar formas de se desligar da dependência do Estado e do capital, mas, sobretudo, inventar formas outras de ser e de viver.

Em maio de 2014, no caracol de La Realidad, na Selva Lacandona, um golpe muito duro: num ataque paramilitar, membros da organização CIOAC-Histórica assassinaram com extrema brutalidade o muito querido mestre Galeano — que fora coordenador da Escolinha da Liberdade na zona selva e que era referência de luta nessa zona —, feriram outros quinze companheiros e destruíram a

---

34 Disponíveis em https://radiozapatista.org/?page_id=20294.

52   1 Breve história do zapatismo

clínica, a escola e vários veículos. Perante a gravidade da situação, a Junta de Bom Governo solicitou a presença do EZLN, temendo uma escalada da violência. Os Subcomandantes Marcos e Moisés, membros do CCRI-CG e um grupo de insurgentes chegaram a La Realidad, armados pela primeira vez em público desde 2005. Dias depois, convidaram os companheiros solidários a assistir a uma homenagem ao companheiro Galeano. Totalizando quase oitocentas pessoas, viajamos em mais de cinquenta veículos a La Realidad. Em todo o caminho, placas com as palavras: "Companheiro Galeano. Justiça, não vingança". Depois de um dia de atos performáticos diversos com centenas de milicianos e uma visita à tumba de Galeano, os Subcomandantes e a Comandância subiram ao palco na frente da grande praça do Caracol, à uma hora da madrugada. Sob uma chuva fina e com um público de quase 3 mil pessoas, o Subcomandante Marcos deu um discurso de uma hora que começou dizendo: "Gostaria de pedir [...] paciência, tolerância e compreensão, porque estas serão as minhas últimas palavras em público antes de deixar de existir". Depois enveredou por uma história do zapatismo, em que ele contou, entre outras coisas, que Marcos foi uma criação, um "holograma", utilizado pela Comandância em um momento em que os holofotes midiáticos eram úteis e necessários. Porém, disse ele, agora temos contato direto com aqueles que nos interessam, e não procuramos mais os holofotes. Portanto, Marcos se torna desnecessário. Ao mesmo tempo, estamos aqui, continuou, para procurar justiça para o companheiro Galeano. Mas justiça não é vingança, e embora seja necessário que os assassinos paguem, essa é a justiça pequena, porque deixa impune o verdadeiro culpável: o sistema. A justiça grande tem a ver com a vida, não com a morte. É por isso, continuou, que o EZLN está aqui: para desenterrar a Galeano.

> E para que essa impertinente que é a morte fique satisfeita, em lugar de Galeano colocamos outro nome, para que Galeano viva e a morte leve não uma vida, mas um nome apenas, umas letras vazias de todo sentido, sem história própria, sem vida. Portanto, decidimos que Marcos deixe de existir hoje. [...] Por minha voz não falará mais a voz do Exército Zapatista de Liberação Nacional.

Então as luzes do Caracol se apagaram. O Subcomandante Marcos acendeu o cachimbo, arrumou os papéis sobre a mesa, levantou-se e desapareceu pelos fundos. Na escuridão e o estupefato silêncio

53 Alejandro Reyes

que se seguiram, o Comandante Tacho anunciou que outro companheiro iria falar. Pelas caixas de som escutou-se então a voz do outrora Subcomandante Marcos dizendo: "Boas madrugadas, companheiros e companheiras. Meu nome é Galeano, Subcomandante Insurgente Galeano. Alguém mais se chama Galeano?". E milhares de vozes gritando ao uníssono: "Eu sou Galeano, todos somos Galeano". "Ah, então é por isso que me disseram que, quando voltasse a nascer, o faria em coletivo. Boa viagem então. Cuidem-se, cuidem-nos. Das montanhas do sudeste mexicano, Subcomandante Insurgente Galeano."[35]

Esse ato performático e profundamente simbólico não apenas faz uma reflexão sobre o verdadeiro significado da justiça; ele marca uma mudança interna importante: da liderança militar mestiça para a liderança inteiramente indígena, sendo agora o chefe militar e porta-voz do exército rebelde o Subcomandante Moisés, indígena tseltal, membro do movimento desde 1983. Aquele ataque paramilitar serve também para mostrar a importância das alianças e da solidariedade na construção da autonomia. Os zapatistas decidem construir uma nova escola e clínica, e pedem apoio a indivíduos e organizações solidárias. A mobilização nacional e internacional consegue cinco vezes a quantia que eles calcularam, de forma que podem construir uma estrutura muito melhor que a que fora destruída pelos paramilitares.

Em agosto desse ano, no mesmo caracol, eles organizam um grande encontro do Congresso Nacional Indígena. Logo depois desse encontro, em uma conferência com a mídia livre, o EZLN faz uma análise da situação da mídia comercial no mundo e anuncia uma mudança na estratégia de comunicação: a partir desse momento, dão as costas à grande mídia e passam a apostar na "mídia livre, autônoma, alternativa ou como quer que se chame".

Entre dezembro desse ano e janeiro de 2015, convocam a um Festival Mundial das Resistências e Rebeldias contra o Capitalismo, no qual participam movimentos sociais de muitas partes do mundo em várias geografias do país: no Estado do México, Morelos, Campeche e no Caracol de Oventic. Nesse festival, o EZLN decide não participar, cedendo seu lugar aos parentes dos

---

35 O discurso completo, "Entre la luz y la sombra", está disponível em texto, vídeo e áudio em https://radiozapatista.org/?p=9766. Ver também nossa reportagem "Marcos, o subcomandante inecessário", publicada em português pelo coletivo Das Lutas, em https://daslutas.wordpress.com/2014/08/01/marcos-o-subcomandante-inecessario/.

54 | 1 Breve história do zapatismo

43 estudantes desaparecidos de Ayotzinapa. Em setembro de 2014, a simbiose entre o crime organizado e o Estado ficara evidente com o assassinato de seis pessoas e o desaparecimento forçado de 43 estudantes pelo crime organizado, com o envolvimento direto das polícias municipal e estadual e do exército, e a posterior manipulação dos fatos pelo executivo federal (até hoje, o paradeiro dos estudantes desaparecidos continua desconhecido, o papel do exército continua sendo negado apesar das muitas evidências do seu envolvimento e o caso permanece impune). Em 2015, realizam o grande seminário "O pensamento crítico perante a hidra capitalista" que mencionamos na introdução. É ali que começa um debate profundo sobre a crise civilizatória que atravessamos e as formas de enfrentá-la. Nesse sentido, em 2016, os zapatistas lançam uma proposta inusitada para um movimento guerrilheiro: que as artes e as ciências são eixos fundamentais de luta para mudar o rumo do mundo — as ciências porque permitem entender o nosso mundo, e a arte porque "não tenta reajustar ou consertar a máquina; ela faz algo mais subversivo e inquietante: ela mostra a possibilidade de outro mundo".[36] A partir daí, organizam três grandes encontros de arte: os *CompArte pela humanidade* (2016, 2017 e 2018), mais um dedicado à dança (2019), e dois festivais de cinema *Puy ta Cuxlejaltic* (2018 e 2019). Organizam também dois grandes encontros de ciências, os *ConCiencias pela humanidade* (2016 e 2017), nos quais mais de setenta cientistas de muitas partes do mundo compartilharam seus conhecimentos com o público e com duzentos alunos e alunas ("escutas") zapatistas, que se prepararam durante meses para escutar, questionar, tomar notas e levar o conhecimento às comunidades.[37] Nesses anos, realizam-se também vários seminários de pensamento crítico: *Os muros do capital, a fendas da esquerda* (2017), *Olhares, escutas, palavras: Proibido pensar?* (2018) e *Foro em defesa do território e da Mãe Terra* (2019).

---

36 Carta do Subcomandante Galeano ao escritor Juan Villoro, "Las artes, las ciencias, los pueblos originarios y los sótanos del mundo", disponível em https://enlacezapatista.ezln.org.mx/2016/02/28/las-artes-las-ciencias-los-pueblos-originarios-y-los-sotanos-del-mundo/.

37 Ver as coberturas da Rádio Zapatista em https://radiozapatista.org/?page_id=29.

Recebendo o Conselho Indígena de Governo. Caracol de Roberto Barrios, 17 de outubro de 2017. Foto: Rádio Zapatista.

Em 2016, o EZLN faz uma proposta surpreendente ao Congresso Nacional Indígena, que é debatida em assembleias em todas as comunidades dos povos organizados no CNI no país. Em maio de 2017, após ter sido aprovada a iniciativa, cria-se um Conselho Indígena de Governo (CIG), uma espécie de Junta de Bom Governo indígena nacional — ou seja, um governo coletivo, horizontal, rotativo e autônomo, composto por homens e mulheres representantes de todos os povos indígenas do México organizados no CNI —, e decide-se nomear uma mulher como sua porta-voz, que se apresentaria como candidata independente nas eleições presidenciais de 2018. O intuito dessa iniciativa não era, evidentemente, chegar à presidência, mas utilizar esse meio para mostrar ao país, primeiro, que a noção de uma liderança vertical e individual não é a única nem a melhor forma democrática possível (Marichuy seria apenas a porta-voz de um candidato coletivo, o CIG), e que as mudanças estruturais só podem acontecer *abajo y a la izquierda*, fora das estruturas institucionais. No intuito de conseguir as assinaturas necessárias para a candidatura independente, mas sobretudo para dialogar com a sociedade civil mais ampla, Marichuy e o CIG viajaram pelo território zapatista, mobilizando dezenas de milhares de pessoas, e depois pelo país inteiro, graças a um esforço imenso por parte de indivíduos e organizações solidárias.

56   1 Breve história do zapatismo

Em março de 2018, acontece o Primeiro Encontro Internacional Político, Artístico, Desportivo e Cultural de Mulheres que Lutam, no Caracol de Morelia. Esse encontro (assim como o segundo em dezembro de 2019) se constitui em mais um passo importante na política de gênero do zapatismo, que reflete e aprofunda os grandes avanços ao interior da organização, mas também reage perante a extrema violência contra a mulher no México e no mundo, produto de um sistema capitalista e patriarcal.

A política de alianças e a construção de uma luta global dão um novo passo em 2021, em plena pandemia de Covid-19, com a Travessia pela Vida, Capítulo Europa. Em maio de 2021, exatamente 503 anos depois da chegada do conquistador Juan de Grijalva ao território maia, sete zapatistas partiram de navio do mesmo lugar em direção contrária, com a intenção de "invadir" a Europa: o Esquadrão 421, composto por quatro mulheres, dois homens e *umoa outroa* (uma pessoa trans). Ao desembarcar no porto de Vigo, na Galícia, depois de cinquenta dias de navegação, oa outroa Marijose rebatizou a Europa com estas palavras:

> Em nome das mulheres, crianças, homens, anciãos e, naturalmente, outroas zapatistas, declaro que o nome desta terra, que seus nativos agora chamam de "Europa", será doravante chamada: *SLUMIL K'AJXEMK'OP*, que significa "Terra Insubmissa", ou "Terra que não se resigna, que não desmaia". E assim será conhecida tanto pelos locais quanto por estranhos, desde que haja aqui alguém que não desista, que não se venda e que não se renda.[38]

Pouco depois, chegaram à Europa por via aérea 177 zapatistas: bases de apoio, milicianos e milicianas, comandantes e comandantas, o Subcomandante Moisés e o "Comando Pipoca", composto por crianças, com a importante missão de brincar, fazer traquinagens e lutar pelo direito universal das crianças de comer pipoca. A delegação aérea dividiu-se em pequenos grupos que, durante quatro meses, se reuniram em encontros com organizações e movimentos sociais de toda a geografia do continente europeu, aprendendo, compartilhando experiências e tecendo redes de luta conjunta.

No 1º de janeiro de 2024, celebrou-se o trigésimo aniversário do "Início da guerra contra o esquecimento" no Caracol de Dolores Hidalgo. Precedido por vinte comunicados publicados entre outubro e dezembro de 2023 — nos quais o Subcomandante Galeano

---

38 Subcomandante Galeano, "Esquadrão 421", em português em https://enlacezapatista.ezln. org.mx/2021/04/18/esquadrao-421/.

volta a morrer, renascendo agora como "Capitão Marcos" —, esse aniversário marcou uma mudança radical no sistema de governo civil autônomo e o início de uma proposta anticapitalista radical: *o comum*.[39] Comentaremos com maior profundidade a mudança no sistema de governo, ainda em processo de construção, no capítulo 3. Brevemente, comentamos aqui a noção do *comum*.

O comum

O "comum" constitui um desafio radical ao fundamento do sistema capitalista: a propriedade privada. Como vimos, com o levantamento, não apenas os zapatistas recuperaram grandes extensões de terra, mas também outras comunidades não zapatistas. Muitas dessas terras, porém, ficaram em um limbo legal, aproveitado pelo Estado para instigar conflitos, muitas vezes violentos, pela propriedade da terra. Dir-se-ia que, nesse cenário, os zapatistas lutariam para obter os documentos legais da propriedade da terra que recuperaram com o sangue dos seus mortos em 1994. Mas não. Como explica o Subcomandante Moisés, "os papéis de propriedade não dizem 'isso é teu', o que dizem é 'isso não é daquela pessoa, ataque-a'".[40]

Portanto, em vez disso, o zapatismo implementa a *não proprie-dade*. A "base material da produção" até agora consistia em uma combinação de trabalho individual-familiar e coletivo. O trabalho individual-familiar é aquele que beneficia o indivíduo e/ou sua família (roça, mercadinho, criação de gado etc.). O trabalho coletivo resulta do acordo entre companheiros e companheiras para trabalhar em terras instituídas como coletivas depois do levantamento, cujo produto serve para financiar o transporte e outras necessidades das autoridades, comissões e promotores e promotoras das diferentes áreas da autonomia, festas, mobilizações, capacitações, equipamentos etc. A essas duas formas de trabalho, acrescenta-se agora o que eles chamam de "trabalho em comum" ou "não propriedade". Ou seja, extensões de terras recuperadas que não têm dono, que não são de ninguém (e, portanto, são de todos). Terra que não se vende nem se compra, que se trabalha por turnos e cujos frutos pertencem a quem a trabalha, mas não a terra nem as

---

39   Ver a nossa reportagem "30 aniversario del inicio de la guerra contra el olvido", Rádio Zapatista, em https://radiozapatista.org/?page_id=47233.

40   "Vigésima y última parte: el común y la no propiedad", dez. 2023, em https://radiozapatista.org/?p=47066.

58 1 Breve história do zapatismo

instalações nela construídas, que não são propriedade de ninguém. E o aspecto mais ambicioso: terras onde convidam a trabalhar não zapatistas: outros camponeses, migrantes, citadinos, sem-terra, as muitas pessoas deslocadas pelos conflitos pelo controle territorial, estrangeiros... quem quer que seja, conquanto que exista o acordo das novas instâncias do governo autônomo e entre os povoadores da região. "Tudo o que for pelo bem comum; nada que seja contra ele." O cultivo de drogas não é permitido, nem a entrada de qualquer empresa ou indústria, nem a presença de paramilitares.

O Subcomandante Moisés explica as razões que levaram a essa decisão, discutida longamente pela Comandância. Uma delas é a tormenta, ou seja, a crise ecológica em curso e o possível colapso do nosso mundo, que descrevemos na Introdução deste livro. Outra é a decomposição social provocada pela violência, tão evidente agora em Chiapas. Finalmente, os aprendizados na Travessia pela Vida à Europa, onde os povos zapatistas constataram que, apesar das diferenças, a luta pela vida é a mesma, adquirindo assim uma consciência mais global do que eles chamam a tormenta e também das resistências.

Apesar das muitas dificuldades e desafios que implica essa construção do "comum", o que fica claro é que, nesses espaços, se constrói a ética coletiva da qual falamos acima, contagiando outros povos sem-terra, com a esperança de que, no contexto atual de violência extrema em Chiapas e no México e de crise global, eles se somem à luta pela vida. Uma ética que se constrói não com discursos, mas com o exemplo na prática. Na prática de uma justiça digna baseada no diálogo e no consenso. Na saúde autônoma, que se entende não como mercadoria, mas como um direito de todos e todas. Na educação fundamentada nas necessidades dos povos e não na homogeneização de uma suposta "nação mestiça" imposta pelo Estado. Na compreensão do bem comum como caminho para o bem individual e familiar. No exercício cotidiano da cooperação ao invés da competição. No respeito e na dignidade. Naquilo que, como diria o Mestre Joelson, constitui o "cuidado com os nossos".

Enquanto escrevo, chega um novo comunicado intitulado "Uma maratona nas montanhas do sudeste mexicano", junto com um vídeo realizado pelos "Tercios Compas", a equipe de jovens jornalistas zapatistas.[41] No comunicado, o Capitão Marcos conta que

---

41 Disponível em https://enlacezapatista.ezln.org.mx/2024/09/17/un-maraton-en-las-montanas-del-sureste-mexicano/.

os jovens zapatistas de certa região discutiram entre eles como promover a ideia do comum com jovens não zapatistas. Surgiu assim a ideia de organizar uma maratona de 23 quilômetros, a ser realizada em 16 de setembro, dia da Independência. Os primeiros lugares ganhariam um casal de ovelhas, mas todos receberiam dinheiro para comprar galinhas e começar assim projetos coletivos em terras comuns. Durante a corrida, um caminhão acompanhou os participantes com um grande cartaz com as palavras: "O comum é uma necessidade!", repetindo pelo equipamento de som: "Sim ao comum, não à propriedade!".

Chiapas em chamas

Terminamos este pequeno resumo histórico com um breve panorama do que se vive em Chiapas neste momento. Desde a presidência de direita de Felipe Calderón em 2006, o país começou a cair numa espiral de violência inédita ocasionada pela guerra entre os cartéis do crime organizado, com dezenas de milhares de assassinatos, desaparecimentos forçados, torturas, massacres, recrutamento forçado, deslocamentos massivos de populações e mais, como resultado de uma política falida de uma suposta "guerra às drogas", que nada mais era que a militarização do país na tentativa de manter o controle de uma população descrente e indignada por uma evidente fraude eleitoral. A partir desse momento, o México nunca mais foi o mesmo.

Entretanto essa violência não chegou a Chiapas, em parte graças à presença do zapatismo. Porém, a partir da presidência de Andrés Manuel López Obrador — supostamente de esquerda, mas com um programa agressivo de megaprojetos de infraestrutura, turísticos e extrativistas, com vínculos estreitos com o Cartel de Sinaloa segundo a investigação da jornalista Anabel Hernández, baseada sobretudo em fontes da DEA,[42] e com uma forte aversão ao zapatismo —, o estado de Chiapas foi tomado pela guerra entre os cartéis do crime organizado, com violentíssimos enfrentamentos em todo o território, a reprodução de grupos armados de todo tipo, uma extrema militarização acompanhada por uma impunidade generalizada (o exército parece sempre apoiar, de fato, um ou outro dos grupos em conflito com suas ações e, sobretudo, com sua omissão),

---

42 Anabel Hernández, *La historia secreta: AMLO y el Cártel de Sinaloa*, México, Grijalbo, 2024.

60   1   Breve história do zapatismo

assassinatos de prefeitos e candidatos pelas organizações criminosas, que disputam os cargos políticos, desaparecimentos, sequestros, assassinatos, torturas e cobranças de impostos pelo crime, e a reativação do paramilitarismo, agora na forma de narcoparamilitarismo. Há regiões inteiras, sobretudo próximas à fronteira com a Guatemala, mas também na Selva Lacandona e muitas outras regiões, que se tornaram intransitáveis. Milhares de pessoas têm sido forçadas a abandonar seus lares e todos os seus bens, fugindo dos assassinatos, torturas, sequestros e, sobretudo, recrutamento forçado por parte dos cartéis em disputa, inclusive procurando asilo na Guatemala. Os habitantes das comunidades e povoados dessas regiões que não conseguem fugir são forçados a participar em bloqueios de estradas e outras ações para enfrentar os grupos criminosos inimigos e o exército. A sociedade civil tem se organizado com coletas de roupas, alimentos e outros insumos necessários para os milhares de pessoas deslocadas, a maioria das quais não recebe qualquer atenção por parte do Estado. O turismo, que financia boa parte da economia de Chiapas, tem caído dramaticamente, e há uma crise econômica em curso que afeta sobretudo os mais pobres.

Enquanto isso, a resposta do governador Rutilio Escandón e do presidente López Obrador foi sempre negar a situação, inclusive afirmando que Chiapas é um dos estados mais seguros do país, e ao mesmo tempo criminalizar ou estigmatizar organizações de direitos humanos e defensores do território que denunciam a violência crescente e descontrolada, como o Centro de Direitos Humanos Fray Bartolomé de Las Casas, que, em suas conferências matutinas, o presidente acusou repetidas vezes de "magnificar a violência" no intuito de empreender uma campanha contra ele e "a favor do conservadorismo". Cada vez mais, os membros desse centro vêm enfrentando ameaças de morte, intimidação, difamação e vigilância "por parte de agentes não estatais vinculados aos governos, autoridades estaduais, federais e do Exército mexicano", e recentemente a casa de um dos seus membros foi invadida.[43]

Ao mesmo tempo, o país inteiro militarizou-se como nunca antes, com a criação da Guarda Nacional, a construção, vigilância e administração por parte do exército dos megaprojetos, a administração de aeroportos e alfândegas, a continuação da espionagem contra

---

43   "Denunciamos el incremento de la violencia a integrantes del Frayba", Centro de Direitos Humanos Fray Bartolomé de La Casas, 19 set. 2024, em https://frayba.org.mx/denunciamos-el-incremento-de-la-violencia-integrantes-del-frayba.

jornalistas e outros atores críticos ao governo através do software israelense Pegasus, a condecoração por parte do presidente de generais acusados de envolvimento com o crime organizado e com o massacre de Acteal, e a mentira e manipulação do caso de Ayotzinapa, com o evidente intuito de manter o envolvimento do exército impune. Longe dessa militarização resultar em uma diminuição da violência, o número de assassinatos (quase 200 mil) e desaparecimentos (mais de 53 mil) durante a presidência de López Obrador é o maior da história do país.[44] A presidência recém-iniciada de Claudia Sheinbaum, também do partido Morena, que segue exatamente o mesmo roteiro, não promete qualquer mudança substancial.

É nesse contexto que os zapatistas agora resistem, em condições extremamente difíceis, com a reestruturação tanto das estruturas de governo autônomo civil quanto do próprio exército insurgente, com a proposta do "comum" e provavelmente com outras mudanças das quais ainda não sabemos. O que eles têm deixado claro, porém, é que não é apenas a conjuntura que define o caminhar zapatista. Por mais grave que seja — e é muito grave —, essa conjuntura é apenas mais um sintoma da crise civilizatória da qual eles vêm falando ao longo da última década e para a qual eles vêm se preparando. Portanto, além de reagir ao pesadelo atual, eles olham para o que virá daqui a 120 anos, quando seis gerações de mulheres terão passado e a descendente da criança zapatista Dení (nomeada assim em memória da guerrilheira Dení Prieto das FLN, executada aos dezenove anos pelo exército mexicano), hoje com cinco anos de idade, poderá crescer com liberdade.

> Podemos sobreviver à tormenta como comunidades zapatistas que somos. Entretanto, agora, não se trata só disso, mas de atravessar esta e outras tormentas que virão, atravessar a noite e chegar a essa manhã, daqui a 120 anos, onde uma criança comece a aprender a ser livre e também a ser responsável por essa liberdade.[45]

---

44   "Termina el sexenio de AMLO con 199 mil 619 asesinatos, la cifra más alta en la historia reciente", *El Financiero*, 2 out. 2024, em https://www.elfinanciero.com.mx/nacional/2024/10/02/termina-el-sexenio-de-amlo-con-199-mil-619-asesinatos-la-cifra-mas-alta-en-la-historia-reciente/.

45   Capitão Insurgente Marcos, "Terceira parte: Dení", em português, em https://enlacezapatista.ezln.org.mx/2023/11/02/terceira-parte-deni/.

Promotores de saúde. Homenagem a Galeano. Caracol de La Realidad, maio de 2014. Foto: Coletivos de mídia livre.

2
EDUCAÇÃO E SAÚDE AUTÔNOMAS

Dois aspectos da autonomia são fundamentais na construção de outras formas de ser e de viver: a educação e a saúde. Como em outras áreas da autonomia, no zapatismo, a soberania pedagógica e de saúde passa por uma ruptura completa com os respectivos sistemas do Estado. Essa postura se deriva da visão de autonomia radical do zapatismo, mas também de considerações específicas da história e do contexto das comunidades zapatistas em Chiapas.

Sistema Educativo Rebelde Autônomo Zapatista (SERAZ)

A inconformidade com o sistema de educação oficial nas comunidades indígenas de Chiapas é anterior à fundação do EZLN. Em 1974, no Congresso Indígena organizado pelo bispo Samuel Ruiz, 250 mil membros de 327 comunidades dos quatro principais grupos étnicos do estado discutiram a temática da educação pública, fazendo fortes críticas.[46]

---

46 Ver Bruno Baronnet, "Entre el cargo comunitario y el compromiso zapatista", em Bruno Baronnet, Mariana Mora e Richard Stahler-Sholk, *Luchas "muy otras": zapatismo y autonomía*

Por um lado, a maioria dos professores designados pelo governo federal eram mestiços que não apenas não conheciam as línguas locais (que eles chamavam de *dialetos*, como muita gente ainda faz) nem os costumes e formas de viver e pensar, mas os desprezavam, considerando os povos originários atrasados e ignorantes. Por outro lado, havia (e há) uma forte rotatividade, pois eram muito poucos os professores que por própria vontade permaneciam em comunidades rurais, longe das suas famílias e da sua cultura. Nos acordos daquele encontro, também se denunciavam a falta de comprometimento com o trabalho e com a comunidade, o alcoolismo e a falta de respeito pelos costumes.

A isso acrescentava-se a política de "mexicanização" e "desindianização" incorporada na educação pública desde a década de 1930, que considerava que a "redenção" para os povos indígenas do país residia em sua incorporação à nação mestiça. Essa ideologia implicava, portanto, o apagamento das línguas originárias e a "superação" de costumes e formas de pensar e de viver próprias, consideradas atrasadas. A partir da década de 1980, embora houvesse um movimento nacional pela interculturalidade, ou seja, por uma educação que respeitasse as particularidades linguísticas e culturais dos povos, isso mal aconteceu em Chiapas — e muito precariamente no resto do país. Em nível nacional, o ensino público indígena ainda hoje tem as mais altas taxas de deserção e analfabetismo. E em 1994, dados da própria Secretaria de Educação Pública revelavam que Chiapas era o estado com a pior atenção educativa do país, sobretudo para as crianças indígenas.

Desde antes do levantamento, o zapatismo refletia sobre a situação da educação no estado. Em um texto do Subcomandante Marcos escrito em meados de 1992 (publicado em janeiro de 1994), no qual analisava a situação em Chiapas, ele disse o seguinte:

> Educação? A pior do país. No Ensino Fundamental, de cada cem crianças, 72 não terminam a primeira série. Mais da metade das escolas não passa da terceira série e a metade só tem um professor para todos os cursos que oferecem. Há cifras muito altas, ocultadas, aliás, de deserção escolar de crianças indígenas graças à necessidade de incorporar a criança à exploração. Em qualquer comunidade indígena é comum

---

en las comunidades indígenas de Chiapas, UAM/Ciesas/Unach, 2011. Para uma análise sobre a educação autónoma zapatista e a educação do MST, ver Lia Pinheiro Barbosa, *Educación, resistencia y movimientos sociales: la praxis educativo-política de los Sin Tierra y de los zapatistas*, UNAM, 2015.

66 2 Educação e saúde autônomas

ver crianças no horário escolar carregando lenha ou milho, cozinhando ou lavando roupa. De 16.058 salas de aula existentes em 1989, só 1096 estavam em zonas indígenas.[47]

Mais tarde, em 1996, no Primeiro Encontro pela Humanidade e Contra o Neoliberalismo realizado pelo EZLN, discutiu-se a educação pública

> como instrumento para legitimar a governabilidade através de uma dinâmica que procura formar uma massa de população produtiva, mas não reflexiva ou crítica; que promove a homogeneização e anula as diferenças culturais e de gênero, ignorando absolutamente a idiossincrasia dos âmbitos rurais e as línguas autóctones; que fomenta o individualismo e a competição, reforçando o sistema de mercado, a desigualdade e a discriminação; que não respeita nem considera as necessidades vitais nem o direito de eleger o tipo de vida.[48]

A lógica produtivista e individualista da educação pública, combinada com o desprezo inerente pelas formas de vida e as linguagens dos povos originários, resultava em divisões e ressentimentos nas comunidades, pois aqueles que conseguiam algum nível de educação tendiam a se considerar superiores e a se desinteressar pela aplicação dessa educação para o bem coletivo. Denunciam-se também os maus tratos, golpes, castigos corporais e violência psicológica por parte dos professores contra as crianças que não conseguiam se comunicar em espanhol.

Perante esse panorama, depois do levantamento, mesmo antes do incumprimento dos Acordos de San Andrés, começa um processo de reflexão nas diferentes zonas no intuito de construir mecanismos de educação autônoma, com as primeiras iniciativas acontecendo desde 1995. Esse processo se acelera em finais da década de 1990, com a constatação de que muitos dos professores designados pelo Estado de fato serviam como espiões para o governo. Assim, por volta de 1998, decide-se expulsar os professores do Estado e criar uma estrutura de educação própria. Anos depois, com a criação dos caracóis e das Juntas de Bom Governo em 2003, há uma articulação muito maior entre os municípios autônomos, e essa estrutura se consolida no Sistema Educativo Rebelde Autônomo Zapatista (SERAZ).

---

47 "Chiapas: El sureste en dos vientos, una tormenta y una profecía", *Enlace Zapatista*, jan. 1994, em https://enlacezapatista.ezln.org.mx/1994/01/27/chiapas-el-sureste-en-dos-vientos-u-na-tormenta-y-una-profecia/.

48 EZLN, *Crónicas intergalácticas EZLN: Primer Encuentro Intercontinental por la Humanidad y Contra el Neoliberalismo, Chiapas, México, 1996*, Planeta Tierra, 1996.

67 Alejandro Reyes

É importante dizer, entretanto, que o processo tanto de reflexão quanto de construção da educação autônoma acontece de formas distintas em cada zona, pois uma das características da construção zapatista é a autonomia dentro da autonomia; ou seja, não há uma centralização das formas como as diferentes áreas da autonomia se concebem e se praticam. Por exemplo, na zona de Morelia, os primeiros trabalhos pela educação autônoma acontecem em 1995; na de Oventic, em 1996; na de La Realidad, em 1997; na de Garrucha, em 1998; e na de Roberto Barrios, em 1999.

Em todos os casos, as reflexões são coletivas e as decisões são tomadas por meio de um processo que envolve a participação ativa não apenas das autoridades e das comissões, mas também, e sobretudo, das famílias.

Na maioria das zonas, o processo, apesar das diferenças, segue um padrão similar, que geralmente começa com reflexões coletivas sobre como enfrentar a problemática da educação, considerada um eixo fundamental na construção da autonomia zapatista. A necessidade de uma educação própria é clara, mas como criar um sistema de educação autônoma sem financiamento do Estado e sem professores capacitados, em um contexto social no qual a maioria das pessoas nas comunidades não sabia ler nem escrever?

Nesses primeiros esforços, a participação de indivíduos e organizações solidários da sociedade civil foi fundamental. Nas diferentes zonas, havia pessoas solidárias em acampamentos de observação de direitos humanos, e essas pessoas muitas vezes participavam voluntariamente oferecendo oficinas e outras formas de capacitação. Porém, sendo esse apoio por natureza limitado e descontínuo, a necessidade de formar seus próprios promotores e promotoras de educação se torna cada vez mais evidente. Criam-se então comissões de educação, coordenadas com os responsáveis municipais e de zona, assim como membros do CCRI e mandos do EZLN, para começar a conceber como seria essa educação autônoma e como formar os promotores.

Dessas discussões e das consultas nas assembleias comunitárias surge a ideia de uma educação com características próprias, diferente da educação oficial. Por um lado, a educação seria bilíngue, com a língua originária como a principal e o espanhol como língua estrangeira, ao contrário do que acontecia nas escolas oficiais. A educação teria de respeitar a cultura, os costumes, os saberes e os valores próprios, promovendo a coletividade e a cooperação, a unidade, o companheirismo, a disciplina e a organização. Ela teria de estar fundamentada na

68   2 Educação e saúde autônomas

prática a partir da realidade dos povos, e não da cultura hegemônica que se pretende homogênea. Uma educação orientada para o serviço em benefício da comunidade, e não apenas do indivíduo. A educação teria de ser coletiva, e nela deveriam participar não apenas os promotores e os alunos, mas também as famílias e toda a comunidade. Em todas as zonas, os primeiros passos da educação autônoma contaram com o apoio de organizações da sociedade civil tanto nacionais quanto internacionais na definição dos conteúdos e nas estratégias pedagógicas, na capacitação de promotores e promotoras e na construção de estruturas físicas — sempre com o acordo coletivo.

Como dissemos, em cada zona o processo foi diferente. Por exemplo, na zona de Oventic, em Los Altos de Chiapas, o processo respondeu originalmente à crise das pessoas deslocadas pela guerra. Com o massacre de Acteal, organizou-se uma "Caravana para Todos Todo", que se comprometeu a apoiar nas áreas de moradia, educação, saúde e alimentação. Cria-se, assim, um projeto educativo para atender as necessidades das pessoas deslocadas nos acampamentos. Ao mesmo tempo, surge o projeto de construir uma escola de Ensino Médio (*secundaria*) para a zona, à diferença das outras zonas, onde se começa com o Ensino Fundamental. Essa decisão responde ao fato de que, mal ou bem, havia pessoas com alguns conhecimentos formadas pelo ensino público; criar uma escola autônoma de Ensino Médio permitiria, portanto, capacitar essas pessoas como promotores e promotoras de educação para, uma vez formadas, criar a estrutura do Ensino Fundamental. Esse projeto (Escola Secundária Rebelde Autónoma Zapatista – ESRAZ) contou com o apoio econômico, de trabalho voluntário e de capacitação de promotores e promotoras por parte da organização estadunidense Escolas para Chiapas, ainda hoje ativa no território.

Como dissemos, a criação dos caracóis e das Juntas de Bom Governo em 2003 permitiu uma articulação muito melhor no interior das zonas e uma maior sistematização dos projetos educativos.

Em termos de conteúdo, as diferenças com a educação formal são marcantes sobretudo na área de história. Nela se rememora e analisa não só a história do zapatismo, mas também a de outros movimentos sociais, com uma perspectiva "de baixo" sobre os acontecimentos do país e do mundo. Nas áreas de matemática e ciências exatas, os conteúdos são similares aos da educação pública, mas aplicados ao desenvolvimento das atividades econômicas da comunidade. Há em algumas zonas o que chamam de área de "integração", na qual os

69 Alejandro Reyes

conhecimentos das outras áreas são articulados com as treze demandas zapatistas. Embora o ensino seja principalmente nas línguas próprias, há muita ênfase no domínio do espanhol, assim como o conhecimento das legislações, como ferramentas para poder enfrentar o sistema. O ensino acontece tanto na sala de aula quanto na roça e em outros espaços, com o intuito de ter um pé firme na prática. Em muitas comunidades, há hortas escolares. Os turnos de ensino, que variam entre as zonas, sempre levam em consideração as necessidades do trabalho no campo. Assim, por exemplo, na zona de Oventic, há "câmbio de atividade" (eles não chamam de "férias") de dezembro a meados de fevereiro, para que as crianças possam participar das tarefas agrícolas da temporada. Em nenhuma zona há um sistema de notas, e as avaliações são feitas em coletivo, embora em algumas se proporcione um certificado de estudos, sem valor para o sistema de educação pública, mas valioso para as crianças zapatistas.

Os promotores e as promotoras, geralmente jovens por volta dos vinte anos de idade, são voluntários das comunidades, aprovados em assembleia e sujeitos ao controle por parte da comunidade, que pode destituí-los se não cumprirem com os acordos. Ser promotor não é considerado um emprego e não é remunerado. É considerado um "cargo" comunitário — ou seja, um serviço para a comunidade e sob sua vigilância. Em troca, a comunidade apoia os promotores seja com alimentos ou, mais comumente, tomando conta da roça para que eles e elas possam desenvolver seu trabalho sem se preocupar com a manutenção da família. Para financiar os custos de transporte aos centros de capacitação, para reuniões e outras atividades, a comunidade e o município organizam trabalhos coletivos. Ao mesmo tempo, as famílias doam *tortillas* e feijão para a alimentação dos alunos e dos promotores, e grupos de estudantes se organizam para preparar os alimentos e para a limpeza e manutenção das escolas. A produção de materiais didáticos geralmente é financiada por organizações solidárias, mas os conteúdos são definidos em coletivo pelas comunidades. A construção física das escolas às vezes conta com o apoio econômico de organizações solidárias, mas muitas vezes é feita de forma autônoma com os fundos dos trabalhos coletivos e mão de obra dos membros da comunidade.

Na organização da educação autônoma participam, além dos promotores e promotoras, a assembleia comunitária, as autoridades locais e regionais, as comissões de educação e o comitê de pais de família. Dessas instâncias, talvez a mais importante seja a assembleia comunitária.

70   2 Educação e saúde autônomas

A assembleia comunitária, máxima instância de deliberação e decisão comunal, se consolida na prática como o meio legítimo para transformar a gestão educativa. Por exemplo, ela serve como espaço para encontrar outro modo de selecionar, ratificar, manter, vigiar, avaliar e sancionar o docente, em função de prioridades e recursos próprios, estabelecidos a partir de necessidades educativas coletivamente definidas. Em colaboração com as autoridades municipais e regionais zapatistas, a comunidade rebelde assume o controle administrativo e pedagógico da sua própria escola.[49]

Falta lo que falta

A educação autônoma zapatista, construída ao longo de mais de 25 anos, enfrenta ainda muitos problemas e desafios. Por um lado, as condições materiais são bastante precárias, não apenas em termos de estruturas físicas, mas, sobretudo, de materiais didáticos. Em alguns lugares, como nos Caracóis de Oventic e La Realidad, as estruturas são impressionantes; em muitas comunidades, porém, as estruturas são bem simples. Entretanto é claro que não é a estrutura física o que define a qualidade da educação. A precariedade de materiais pedagógicos é bem mais problemática.

Ao mesmo tempo, o funcionamento da educação autônoma depende do comprometimento da comunidade, que precisa investir esforços na construção das estruturas e, sobretudo, na manutenção dos promotores e promotoras com trabalhos coletivos. Há comunidades, como explicou meu *votán* na Escolinha da Liberdade, que não têm suficiente consciência da importância da educação, e outras onde as condições materiais ou de conflito não permitem priorizar a educação. Por exemplo, anos atrás, a comunidade 24 de Diciembre, na zona do Caracol de La Realidad, estava sob assédio constante por parte de comunidades hostis, a polícia e o exército, com invasão de terras, destruição de roças, cercamento e contaminação das fontes de água, violência física contra companheiros e ameaças de estupro às mulheres. Em outro capítulo, relataremos as formas de autodefesa nesse conflito em particular, que tive a oportunidade de cobrir para Rádio Zapatista. Nessas condições, o ensino só acontecia graças à presença de um educador solidário externo, em um pequeno espaço de uma casa em condições muito precárias. Alguns anos depois, quando o conflito já tinha passado, visitei a comunidade novamente com outros companheiros, e fomos convidados a passar a noite na

---

49   Bruno Baronnet, "Entre el cargo comunitario y el compromiso zapatista", em *Luchas "muy otras*, p. 212.

bela escola recém-construída, que seria inaugurada em breve. Apesar dessa história, que demonstra a seriedade com que geralmente se assume a construção da autonomia, o fato é que, em muitas comunidades, a falta de comprometimento por parte da comunidade ou as condições adversas fazem com que, mesmo existindo a escola, ela não funcione por falta de promotor ou promotora.

Ao mesmo tempo, a educação autônoma é alvo frequente de agressões paramilitares, como foi o caso da escola e clínica zapatistas destruídas por membros da organização CIOAC-Histórica em La Realidad em 2014 e as múltiplas e constantes agressões da violentíssima organização ORCAO, na região de Moisés Gandhi, em anos recentes.

Também acontece que alguns promotores se sintam desmotivados pelo que percebem como um apoio insuficiente por parte da comunidade, ou por considerar que sua formação ainda é deficiente, o que faz com que suas tarefas educativas se tornem muito complicadas. Às vezes, esses fatores levam os promotores a desistir.

Por outro lado, a postura de autonomia radical do zapatismo tem um alto custo. À diferença das escolas do MST, o sistema de educação autônoma zapatista não tem reconhecimento oficial por parte do Estado, o que significa que os jovens zapatistas não podem continuar seus estudos fora das estruturas autônomas. Não havendo ainda centros de estudos superiores em território rebelde, isso se torna uma limitação importante.

Mesmo com as dificuldades aqui descritas, a construção da educação autônoma continua, pois se considera que, apesar das carências, é fundamental formar jovens com outra forma de pensar e de se relacionar com a comunidade e com o mundo. A educação é considerada não apenas na sua função prática de capacitar pessoas aptas para ocupar cargos de serviço à comunidade, mas como fundamento para o desenvolvimento de uma ética outra, longe do individualismo, do produtivismo e da competitividade do sistema-mundo capitalista. Essa ética, a meu ver, é o coração da luta zapatista, sem a qual nada faria sentido.

Educação no seu sentido mais amplo

Além do sistema de educação autônoma, a formação dessa ética, a conscientização e a aquisição de novos conhecimentos acontecem por meio de muitas outras iniciativas, tanto internas quanto externas.

Por um lado, Rádio Insurgente, a rádio autônoma do EZLN, operada por insurgentes e insurgentas, que começou a funcionar

72   2 Educação e saúde autônomas

na década de 2000, transmite programas de conscientização sobre uma ampla gama de temáticas, assim como campanhas de saúde, radionovelas, música, contos, notícias, análises sobre acontecimentos locais, nacionais e internacionais etc. Anos depois, criaram-se doze rádios comunitárias civis, administradas e operadas por comunicadores bases de apoio zapatistas, com uma programação similar e uma cobertura mais ampla. Em 2014, criaram-se os "Tercios Compas" (um jogo de palavras só compreensível em espanhol, que brinca com a ideia da mídia livre, *medios libres* em espanhol: *medios* quer dizer mídia, mas também metade; dizem os zapatistas que os "tercios compas" não chegam nem à metade nem são livres, mas pelo menos são *compas*, companheiros). Os Tercios Compas são jornalistas zapatistas, geralmente muito jovens, cuja missão é cobrir os diferentes eventos (em áudio, vídeo, foto e texto) para divulgação interna nas próprias comunidades zapatistas.

Por outro lado, os eventos dirigidos a um público externo funcionam também como espaços de formação interna, sobretudo pelo processo de preparação que eles envolvem.

Em 2016 e 2017, o EZLN organizou dois grandes eventos públicos chamados "L@s Zapatistas y las ConCiencias por la humanidad", que aconteceram no Cideci – Universidade da Terra em San Cristóbal de Las Casas. Mais de setenta cientistas de muitas partes do mundo compareceram ao evento para compartilhar seus conhecimentos nas áreas de biologia, física, química, astronomia, astrofísica, agroecologia, medicina, matemática, inteligência artificial, sistemas complexos, genética e mais, com palestras e espaços de divulgação científica.[50] Para esse encontro, duzentos estudantes zapatistas (chamados de "escutas") se prepararam durante meses para interrogar os cientistas, tomar nota de todas as falas e, depois, coletivizar os aprendizados nas comunidades. Como explicou o Subcomandante Moisés durante o encontro, há um grande interesse no zapatismo em estudar as ciências por várias razões. Por um lado, para melhor fundamentar e complementar os saberes indígenas. Essa necessidade se torna evidente, por exemplo, no fato de que, com o câmbio climático, as temporadas de chuvas não seguem mais os antigos padrões; perante essa realidade, os conhecimentos camponeses se tornam insuficientes. Por outro, porque hoje, com os avanços na autonomia,

---

50   A cobertura completa da Rádio Zapatista em áudio, texto e foto está disponível em https://radiozapatista.org/?page_id=19520.

maiores conhecimentos são necessários, sobretudo na área da saúde, mas também na geração de energia, nas comunicações e em muitas outras áreas. O Subcomandante Galeano por sua vez explicou que a ênfase do zapatismo nas ciências se explica porque elas "têm a possibilidade de reconstruir sobre a catástrofe que já 'opera' em todo o território mundial. E não falo de 'reconstruir' no sentido de retomar o caído e armá-lo de novo, à imagem e semelhança da sua versão antes da desgraça. Falo de 'refazer', ou seja, 'fazer de novo'. E os conhecimentos científicos podem então *reorientar* o desespero e lhe dar seu sentido real, ou seja, 'deixar de esperar'. E quem deixa de esperar, poderia começar a agir".[51]

Muitos outros encontros públicos têm servido não apenas para comunicar a realidade zapatista ao mundo, mas também para ampliar o conhecimento sobre as problemáticas e as lutas ao nível nacional e internacional e para refletir sobre os próprios processos internos. De 2006 a 2008, por exemplo, aconteceram vários encontros "entre os povos zapatistas e os povos do mundo", nos quais as delegações zapatistas escutaram e conviveram com pessoas de muitas partes do mundo, coletivizando depois essas trocas em suas comunidades. Ao mesmo tempo, as muitas assembleias realizadas como preparação para os encontros serviram para aprofundar as reflexões sobre a própria realidade zapatista. Tendo de compartilhar com os visitantes os avanços nas diferentes áreas da autonomia, foi necessário, antes, refletir sobre eles de forma autocrítica. Refletir sobre o que até então tinha se construído, mas também sobre os problemas e os caminhos ainda por trilhar. O processo de preparação, portanto, se torna extremamente frutífero.

Da mesma forma, os muitos eventos de reflexão e pensamento crítico, assim como os muitos encontros de lutas e resistências nacionais e internacionais, que reúnem pensadores, intelectuais, organizações e povos em luta de muitas geografias, servem como espaços formativos e de reflexão para as próprias comunidades zapatistas. Geralmente, se criam compilações de texto, áudio, vídeo e imagens, que posteriormente são compartilhadas no território rebelde. Durante um tempo, essas compilações foram criadas pelos coletivos de mídia livre a partir das nossas coberturas coletivas, mas, a partir de 2014, esse trabalho é feito pelos Tercios Compas.

---

51 "Las artes, las ciencias, los pueblos originarios y los sótanos del mundo", fev. 2016, em https://radiozapatista.org/?p=16234.

74   2 Educação e saúde autônomas

Dois eventos que vale a pena enfatizar foram os Encontros de Mulheres que Lutam, em 2018 e 2019. Pela primeira vez na história zapatista, os encontros foram organizados sem qualquer participação masculina (com exceção dos cuidados das crianças e do lar durante os meses de organização e realização dos encontros). Mais uma vez, o processo de preparação foi tão importante quanto o próprio evento. Durante a clausura do primeiro encontro, as mulheres zapatistas contaram que elas começaram com reuniões nas comunidades, depois nas regiões e depois nas zonas, para finalmente se reunirem em assembleia as comissões das cinco zonas. Nessas reuniões, elas tiveram que planejar a alimentação, a hospedagem, as letrinhas e chuveiros, as instalações dos equipamentos de som e os palcos, o transporte das delegadas, as comissões de saúde, a segurança (fornecida pelas milicianas), organizar as diversas atividades e muito mais, sem ter uma ideia clara de quantas mulheres chegariam de outras geografias (no primeiro encontro, esperavam umas seiscentas, mas chegaram quase 6 mil). No processo, tiveram de aprender coisas que nunca tinham feito, como dirigir caminhões, instalar equipamentos tecnológicos etc. Mas, sobretudo, tiveram de se preparar com uma análise profunda sobre a situação das mulheres no zapatismo, nas comunidades indígenas em geral, no país e no mundo. Ao mesmo tempo, esses encontros significaram a oportunidade de escutar histórias duríssimas de violência e de luta por parte dos movimentos de mulheres em muitas partes do mundo (só no segundo encontro, mulheres de 49 países estavam presentes), em um ambiente sem a presença de homens, que lhes permitiu falar abertamente de temas muito difíceis de compartilhar. Essas trocas, como várias companheiras nos disseram, levaram tanto as zapatistas quanto as mulheres de fora a uma compreensão muito mais global da situação da mulher na contemporaneidade. No capítulo sobre a participação das mulheres no zapatismo, aprofundaremos na importância desses encontros e da "revolução das mulheres" no próprio movimento.

Finalmente, vale a pena lembrar da Travessia pela Vida em 2021, na qual 177 mulheres, homens e crianças zapatistas percorreram a Europa em pequenos grupos durante quatro meses para se encontrar com organizações, coletivos e movimentos sociais, compartilhando a própria experiência e aprendendo sobre as muitas lutas e resistências no "velho continente", para depois socializar essas experiências e aprendizados nas comunidades.

Nova escola e clínica. Caracol de La Realidad. Foto: Rádio Zapatista.

Sistema de Saúde Autônoma Zapatista

A grave situação da saúde nas comunidades indígenas de Chiapas foi um dos fatores que motivaram o levantamento de 1994. No texto do Subcomandante Marcos de 1992 que mencionamos acima, publicado em janeiro de 1994, o EZLN fazia a seguinte análise:

> A saúde dos chiapanecos é um claro exemplo da pegada capitalista: 1,5 milhões de pessoas não têm nenhuma atenção médica. Há 0,2 consultórios por cada mil habitantes, cinco vezes menos que a média nacional. Há 0,3 leitos de hospital por cada mil chiapanecos, três vezes menos que nos outros estados do México; há uma sala de cirurgia por cada 100 mil habitantes, duas vezes menos que no país; há 0,5 médicos e 0,4 enfermeiras por cada mil pessoas, duas vezes menos que a média nacional. [...] 54% da população chiapaneca está malnutrida e, nas regiões de Los Altos e Selva, essa porcentagem supera os 80%. [...] Em Chiapas morrem cada ano 14.500 pessoas, o mais alto índice de mortalidade do país. As causas? Doenças curáveis...[52]

Nas palavras da Capitã Insurgente Silvia, "se as crianças adoecem, não há onde ir, não há estradas nem médicos. Os doentes são carregados oito horas caminhando. Eles morrem. Não é justo que os que têm febre ou doenças curáveis tenham de morrer".[53]

Ao mesmo tempo, os médicos da saúde pública, quando existe, tendem a ver os indígenas como atrasados e ignorantes, e o trato aos

---

52 "Chiapas: El sureste en dos vientos, una tormenta y una profecía", jan. 1994, *Enlace Zapatista*, em https://enlacezapatista.ezln.org.mx/1994/01/27/chiapas-el-sureste-en-dos-vientos-una-tormenta-y-una-profecia/.
53 Guiomar Rovira, *Mujeres de maíz*, Ediciones ERA, 1997, p. 63.

76   2 Educação e saúde autônomas

pacientes é com frequência racista, como qualquer um pode constatar assistindo aos serviços da saúde pública em qualquer parte do estado. As práticas curativas próprias — os rituais, o trabalho das parteiras, o conhecimento das ervas medicinais etc. — são desprezadas e vistas como superstições. Além disso, ainda hoje, as denúncias de esterilização forçada de mulheres indígenas — sem o consentimento e nem mesmo o conhecimento delas — são comuns. Como no caso da educação, as discussões sobre a saúde são anteriores à própria existência do EZLN. No Congresso Indígena de 1974, os delegados explicaram que a maioria dos médicos se encontrava nas cidades, que eles não falavam as línguas indígenas nem os respeitavam e que os remédios alopáticos eram caros demais. Ao mesmo tempo, reconheciam que as ervas medicinais eram boas, mas insuficientes. Portanto, recomendavam a criação de comitês de saúde nas comunidades que recebessem formação em ambas as práticas: a medicina alopática e a tradicional. Houve assim, antes do levantamento, diversas iniciativas de saúde autônoma através de projetos de colaboração entre a Igreja católica, ONGs, médicos solidários e inclusive promotores formados pela Secretaria de Saúde.[54]

Desde os tempos da clandestinidade, o EZLN deu muita importância à questão da saúde. Na estrutura militar, criou grupos formados em atenção básica, como preparação para a guerra. Mas também impulsionou ativamente a atenção da saúde nas próprias comunidades, construindo consultórios e promovendo assembleias nas quais as comunidades designavam promotores de saúde e criavam campanhas de prevenção e outros projetos de saúde.

Uma comandanta zapatista, falando de forma anônima, conta que foi justamente a falta de atenção à saúde o que a motivou a se unir ao movimento zapatista ainda na clandestinidade.

> Desde criança, vivi o sofrimento da doença, por falta de alimento e remédios. Também vi minha irmãzinha morrer nos braços da minha mãe, que chorava por sua filha que morreu de doença e falta de atenção. Esse sofrimento todo me deu muita raiva, porque nós os pobres morremos muito e os que têm dinheiro morrem pouco. Por isso decidi ingressar na luta. Achei que era muito importante porque só estando unidos e organizados poderíamos acabar com a injustiça.[55]

---

54   Ver Daniele Fini, *Il sistema sanitario zapatista: analisi storico-politica della salute autonoma in Chiapas*, monografia, Universidade de Siena, Itália, 2009/2010.

55   Hilary Klein, *Compañeras: historias de mujeres zapatistas*, México, Tinta Limón, 2024, p. 35-36.

77 Alejandro Reyes

Na região de Los Altos, em Oventic, a Clínica Guadalupana foi inaugurada em 1992, antes do levantamento, por iniciativa da Comandância. "Por que construímos essa clínica? Porque naqueles tempos a comunidade estava completamente isolada, não tinha nem luz elétrica, nem estrada como agora, era impossível trasladar os pacientes às cidades, não havia clínicas por parte do governo estadual ou federal."[56]

A partir do levantamento de 1994, os zapatistas começam a criar um sistema de saúde próprio, fortalecendo as experiências existentes e criando outras. Com a criação dos municípios autônomos rebeldes zapatistas em dezembro de 1994, começa uma articulação muito maior das iniciativas de saúde. Esse processo é facilitado pelos recursos econômicos e o trabalho voluntário da solidariedade nacional e internacional. Ao mesmo tempo, a construção da saúde autônoma teve de enfrentar o assédio do exército e os ataques paramilitares. Por exemplo, em 1996, paramilitares atacaram as clínicas de dez comunidades, roubando equipamentos e remédios e destruindo as instalações.

Em 1997, organiza-se o Primeiro Foro-Encontro de Promotores de Saúde na comunidade autônoma de Moisés Gandhi, com a participação de 91 promotores de quinze organizações. Esse encontro ajuda a definir o que seria um sistema de saúde comunitário autônomo, entendendo a saúde não apenas como bem-estar físico e mental, mas também em sua inter-relação com fatores sociais, políticos e econômicos. Pensou-se em uma atenção médica que incorporasse tanto a medicina alopática quanto a tradicional, que respeitasse as tradições e crenças dos povos originários, que fosse independente das estruturas do Estado e que as decisões sobre as políticas de saúde fossem tomadas pelas próprias comunidades. A proposta foi criar uma rede de promotores e comitês de saúde para trabalhar nos âmbitos preventivo, curativo e normativo.[57]

Com a criação dos caracóis e das Juntas de Bom Governo em 2003, o Sistema de Saúde Autônomo Zapatista começou a se desenvolver de forma muito mais organizada e articulada.

Como no caso da educação, o sistema de saúde opera de formas distintas em cada zona. Em todas elas, porém, são as comunidades

---

56 Testemunho de Víctor, ex-membro da Junta de Bom Governo de Oventic, no caderno "Gobierno Autónomo II" da Escolinha da Liberdade Segundo os Zapatistas.

57 Daniele Fini, *Il sistema sanitario zapatista*, p. 62.

78   2 Educação e saúde autônomas

os responsáveis por administrar os serviços de saúde. As comunidades elegem os promotores e os membros do comitê de saúde local. Ao mesmo tempo, designam os representantes para as comissões de saúde em nível regional e de zona.

Em praticamente todas as comunidades hoje há promotores de saúde, e em muitas delas há uma casa de saúde; em cada município, há uma microclínica, e em cada zona há uma clínica (na verdade, pequenos hospitais). Assim como com a educação, as estruturas físicas e os equipamentos às vezes são construídos e adquiridos com o apoio econômico de indivíduos e organizações externos, mas todas as decisões sobre as políticas de saúde são tomadas pelos zapatistas. Na zona de Oventic, como se explica nos cadernos da Escolinha da Liberdade, uma coordenação central administra os trabalhos de todas as clínicas da zona e coordena os promotores e promotoras de saúde, com a Junta de Bom Governo. É importante dizer que essa estrutura, vigente por duas décadas, mudou em 2023 com a abolição das JBG e dos municípios autônomos. Até agora, não há informações públicas sobre como o sistema de saúde foi adaptado para responder às novas estruturas do governo autônomo.

Nas clínicas centrais das zonas, além da atenção geral, há várias áreas de especialização, e os promotores inclusive realizam algumas intervenções cirúrgicas. Para cirurgias e outros procedimentos mais complexos, médicos solidários oferecem seus serviços de forma voluntária.

Como no caso dos promotores de educação, os promotores e promotoras de saúde não recebem salário, mas são apoiados pela comunidade com alimentação e/ou o cuidado da roça, e o transporte para viagens e capacitação é financiado com trabalhos coletivos. É também com trabalhos coletivos que se adquirem os remédios, não sem dificuldades econômicas.

O sistema de saúde atende tanto zapatistas quanto não zapatistas, sem distinção. A atenção para os zapatistas é gratuita, embora às vezes seja solicitada uma cooperação mínima para poder arcar com os custos, que por vezes superam o que é possível financiar com trabalhos coletivos. Uma parte da atenção para os não zapatistas é paga, em especial as cirurgias e os medicamentos, mas os custos são muito menores que os da atenção fora do sistema autônomo.

Um aspecto importante da saúde autônoma é a medicina tradicional, que consiste em três áreas: parteiras, *hueseros* (curandeiros que trabalham com o sistema ósseo) e *hierberos* (curandeiros que trabalham com ervas medicinais). Em 2007, entrevistamos a Junta de Bom Governo de La Realidad, na Selva Lacandona.[58] Eles contaram que, no início do processo, os curandeiros tradicionais eram pessoas idosas que consideravam seu trabalho um dom e que cobravam somas às vezes proibitivas por ele. Sendo um dom, eles argumentavam que não se podia ensinar. Além do fato de que seus serviços muitas vezes se tornavam inacessíveis devido ao custo, esses saberes estavam em via de se perder, permanecendo em mãos de um reduzido número de curandeiros idosos. A primeira Junta de Bom Governo trabalhou com eles para os convencer, primeiro, da necessidade de ensinar os jovens para atender as necessidades das comunidades e, segundo, de não cobrar por seu trabalho, sendo este um serviço comunitário e não um privilégio. Assim, começaram a formar grandes grupos de parteiras, *hueseros* e *hierberos* (na época da entrevista, havia umas oitenta parteiras e oitenta *hueseros* praticando nas comunidades pertencentes ao Caracol de La Realidad). O conhecimento das ervas medicinais é responsabilidade das *hierberas* e *hierberos*, mas esse conhecimento também é compartilhado, pelo menos em parte, com os promotores e promotoras nas clínicas, que combinam a medicina alopática e a tradicional, trabalhando com os curandeiros tradicionais sempre que for necessário. Além dos evidentes benefícios disso, esse processo demonstra uma compreensão da tradição como algo não fixo nem estanque, mas vivo e sempre em movimento.

Finalmente, gostaria de comentar brevemente a iniciativa do Banco Popular Autônomo Zapatista (BANPAZ), criado em 2008 na região Selva Fronteiriça, com sede no Caracol de La Realidad. Apesar dos importantes avanços da saúde autônoma, para doenças graves ainda é necessário recorrer aos serviços de saúde nas cidades, que envolvem custos muito altos de transporte e da própria atenção médica. Ao mesmo tempo, com a migração de parentes para outras cidades do México e os Estados Unidos, algumas famílias, sobretudo não zapatistas, adquiriram recursos antes inexistentes. Assim, começaram a surgir "coiotes" que emprestavam dinheiro com taxas de juros que podiam chegar até 15% ou 20% por mês para famílias (zapatistas e não zapatistas) desesperadas por salvar a vida dos seus parentes doentes. Em 2008, os zapatistas começaram a discutir como resolver o problema. Depois de um

---

58   Disponível em áudio em https://radiozapatista.org/?p=845.

80   2 Educação e saúde autônomas

longo processo de consultas em assembleias, decidiram criar um fundo especial — um banco para empréstimos — para cobrir os custos nos casos de problemas de saúde graves que as clínicas zapatistas não conseguiam resolver. Coletivamente, decidiram que os empréstimos teriam uma taxa de juros de 2% ao ano, que permitiria incrementar gradualmente o fundo. Os prazos para pagamento são definidos pelos solicitantes do empréstimo, de acordo com as suas possibilidades. Quem garante o pagamento do empréstimo é a comunidade, não o indivíduo ou a família que o solicita, o que faz com que tudo seja um processo coletivo. As comunidades dos outros municípios autônomos da zona também são informadas. Em caso de morte do paciente, a família não precisa devolver o empréstimo, e o BANPAZ assume a perda.

Segundo o então membro da Junta de Bom Governo Roel,[59] uma parte do fundo inicial do BANPAZ veio do próprio EZLN; outra parte, dos lucros do transporte coletivo administrado pela JBG; outra parte, de uma doação solidária para os cuidados de saúde de uma criança, que terminou não precisando de toda a quantia doada, e cuja família, junto com a assembleia, decidiu doar o restante para o novo banco; e, finalmente, dos impostos cobrados às empresas que constroem estradas em seus territórios. Além disso, cada zapatista faz uma contribuição mensal de um peso (o equivalente hoje a trinta centavos de real).

Mais tarde, decidiram ampliar a cobertura do BANPAZ para financiar projetos de trabalho coletivo, esses com juros de 5%. Assim, o que nasceu como uma forma de resolver problemas de saúde graves começou a funcionar também como instrumento para a soberania econômica, como discutiremos em outro capítulo. Criou-se então o Banco Autônomo de Mulheres Zapatistas (BANAMAZ), para financiar coletivos produtivos de mulheres, e posteriormente ambos passaram a se chamar Banco Autônomo Comunitário (BAC).

---

59   "Insólito banco anticapitalista en la Selva Lacandona", *Desinformémonos*, 7 nov. 2009, em https://desinformemonos.org/insolito-banco-anticapitalista-en-la-selva-lacandona/.

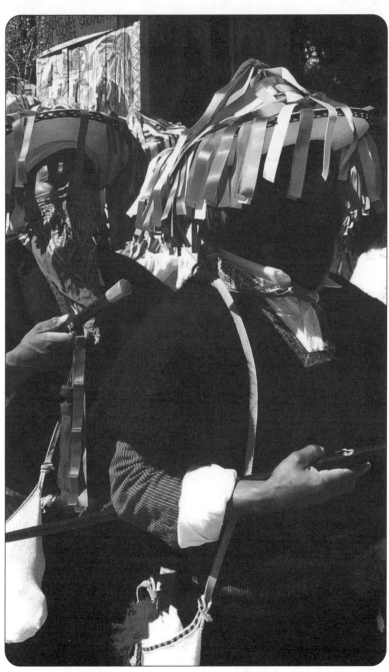

Autoridades civis. Encontro entre os povos zapatistas e os povos do mundo, Caracol de Oventic, dezembro de 2006. Foto: Rádio Zapatista.

3
GOVERNO AUTÔNOMO

A clássica disputa entre reforma e revolução ilustra as duas vias que quase exclusivamente têm inspirado os esforços por criar sociedades mais justas e dignas nos séculos XX e XXI. Apesar das diferenças e da virulência dos desacordos, ambas as posturas têm um elemento fundamental em comum: o Estado como o agente das mudanças. Por um lado, lutar pelas vias da democracia institucional, dos partidos políticos e dos processos eleitorais para chegar ao poder e, a partir daí, iniciar sua transformação. Ou a via mais rápida, porém mais violenta, do processo revolucionário, com o intuito de tomar o poder e construir um Estado socialista.

Como argumenta John Holloway em *Mudar o mundo sem tomar o poder*, o que ambas as vias ignoram é que as sociedades são complexas redes (teias) de relações, o governo sendo apenas uma delas. O Estado, entretanto, se concebe como estando fora e acima dessa rede de relações. Nesse processo, tende-se a esquecer quão profundamente o Estado está imerso nas relações capitalistas de poder, quanto sua história está vinculada ao desenvolvimento do capitalismo, e quanto essa imbricação é ainda mais forte no mundo globalizado contemporâneo, no qual não é o Estado-nação que exerce o verdadeiro poder, mas o capital transnacional descentralizado. É assim que, por exemplo, é inconcebível uma verdadeira reforma agrária realmente transformadora no Brasil mesmo com o governo

Lula; nem se fale da suposta "Quarta Transformação"[60] de López Obrador no México, cujas principais características são os megaprojetos capitalistas, a militarização do país e a impunidade criminal, tudo sustentado no tripé capital-Estado-crime organizado.

Disse o Capitão Marcos em um texto recente: "A prevalência da noção de Estado-nação no imaginário de baixo é um obstáculo. Mantém as lutas separadas, isoladas, fragmentadas. As fronteiras que as separam não são apenas as geográficas".[61]

Nesse contexto, se torna necessário imaginar outras vias de mudança que não coloquem o Estado no centro da ação política. Mas é possível mudar o mundo sem tomar o poder? Como? A autonomia é a resposta tanto da Teia dos Povos quanto dos zapatistas. Ou melhor, a construção de uma grande teia de autonomias capaz de se constituir em um sujeito político global fora da lógica do sistema-mundo capitalista.

Parte fundamental dessa construção, evidentemente, é a governança. É possível criar sistemas de governo independentes do Estado? É possível criar formas de democracia radical que vão muito além da muito deficiente e restrita democracia liberal representativa? A internalização e naturalização do discurso hegemônico faz com que seja muito difícil imaginar outras formas possíveis de governo e de democracia. É por isso que o exemplo zapatista é tão relevante, sobretudo neste momento de crise civilizatória global. Porque o exemplo do autogoverno zapatista demonstra que é possível, sim, inventar formas radicalmente democráticas de governança e colocá-las em prática, mesmo com constantes agressões por parte do Estado e outros agentes ao seu serviço, em um mundo regido pelos interesses do capital.

O exemplo zapatista demonstra também que, nessa busca, não há fórmulas fixas e que é preciso inventar e reinventar constantemente. Ao longo de mais de três décadas de vida pública, os mecanismos de autogoverno das comunidades zapatistas passaram por diversas transformações, em um processo de tentativa e erro que envolve uma constante autocrítica e disposição para mudar.

---

60 Segundo López Obrador, no México houve três grandes transformações na história: a Independência, as Leis de Reforma e a Revolução. Com sua característica humildade, ele afirma que a "Quarta Transformação" é... ele mesmo.

61 "A (outra) regra do terceiro excluído", Enlace Zapatista, dez. 2023, em https://enlacezapatista.ezln.org.mx/2023/12/01/decima-quarta-parte-e-segundo-alerta-de-aproximacao-a-outra-regra-do-terceiro-excluido/.

84   3 Governo Autônomo

Exemplo disso é a grande transformação das estruturas do governo autônomo anunciada entre outubro e dezembro de 2023, que discutiremos no final deste capítulo. A maior parte do capítulo, porém, se centrará na descrição do funcionamento do autogoverno nos vinte anos transcorridos desde a fundação dos caracóis e das Juntas de Bom Governo em 2003 até a mudança de 2023. Mesmo que essa estrutura não exista mais, pensamos que é importante entendê-la porque, por um lado, nessas duas décadas, apesar das suas deficiências agora evidenciadas pelos próprios zapatistas,[62] essa forma de governo foi um farol que inspirou muitas tentativas de autogoverno no mundo, e por outro, porque é a partir dessa experiência que os zapatistas constroem agora uma via diferente.

Contam antigos membros da Junta de Bom Governo de La Realidad[63] que em 1994, com a guerra, as autoridades civis comunitárias se desestruturaram, e foram os mandos militares do EZLN que tiveram de assumir essas funções. Eram muitas as questões que precisavam ser atendidas: saúde, educação, trabalhos produtivos, conflitos pela terra, além das questões civis próprias de qualquer sociedade. Entretanto ficou claro que não era a estrutura vertical militar a que deveria administrar os assuntos civis das comunidades. Foi assim que, por iniciativa da Comandância e dos mandos militares, foram criados os municípios autônomos em dezembro de 1994, em um território que se estendia muito além do cerco militar mantido pelo exército mexicano, que foi furado em uma ação militar sem nenhuma confrontação armada. Foram 32 municípios rebeldes criados naquele momento, com um traçado geográfico diferente dos municípios oficiais. Com o passar dos anos, criaram-se outros municípios, e alguns dos originais deixaram de existir.

Naquele momento, foi necessário criar estruturas de governo autônomo para os municípios recém-inaugurados. Isso aconteceu de diferentes formas no território, respeitando o princípio da autonomia dentro da autonomia. Entretanto, em todos os casos, os governos municipais, que com o tempo passaram a se chamar

---

62   As mudanças nas estruturas de governo autônomo e as razões pelas mesmas foram descritas em vinte comunicados entre outubro e dezembro de 2023 e nas peças de teatro representadas no Caracol de Dolores Hidalgo (um dos novos caracóis inaugurados em agosto de 2019) durante a celebração do trigésimo aniversário do "início da guerra contra o esquecimento" em 1º de janeiro de 2024. Os comunicados e nossa cobertura do trigésimo aniversário estão disponíveis em https://radiozapatista.org/?page_id=47233.

63   *Gobierno autónomo I*, caderno de estudo da "Escolinha da Liberdade segundo @s zapatistas", disponível em https://radiozapatista.org/?page_id=20294.

Conselhos Municipais, eram coletivos, rotativos e horizontais, com os membros eleitos de diferentes formas, mas sempre em assembleia. Foi graças a essas estruturas de governo que foi possível levar adiante as diversas áreas da autonomia, mesmo antes da fundação dos caracóis e das Juntas de Bom Governo. É interessante notar que esses governos autônomos conviviam, às vezes de forma pacífica e outras com fortes conflitos, com as prefeituras dos municípios oficiais. Inclusive, no caso de San Andrés Sakamch'em de los Pobres, em Los Altos de Chiapas, ambos os governos compartilhavam o prédio da prefeitura, em diferentes espaços. Nos cadernos da Escolinha da Liberdade, ex-autoridades autônomas contam que essa convivência por vezes se tornou problemática. Em certa ocasião, a prefeitura oficial planejava restaurar a praça do povoado, mas porque ela também era usada pelos zapatistas, as autoridades oficiais exigiram que o governo autônomo também contribuísse com dinheiro. Depois de muitos conflitos, o Conselho Municipal autônomo, sem consultar as bases, concordou, e terminaram gastando quantias excessivas, quando havia necessidades muito mais urgentes, como saúde e alimentação. Os responsáveis foram destituídos e, durante vários anos, o Conselho foi castigado com a proibição de receber apoios para o município.

Com o tempo, a necessidade de uma maior coordenação entre os municípios de cada zona se tornou cada vez mais evidente. Por um lado, a estrutura militar do EZLN ainda precisava intervir em muitos casos que superavam o âmbito municipal, o que contrariava os princípios da democracia civil que se procurava. Por outro lado, os apoios solidários de indivíduos e organizações externas beneficiavam alguns municípios mais do que outros, pela maior facilidade de acesso e pelas relações pessoais dos solidários com certas comunidades. Houve algumas tentativas de solucionar esses problemas. Por exemplo, na zona Selva, criou-se uma assembleia de conselhos municipais chamada Associação de Municípios Autônomos, com uma direção coletiva para administrar os trabalhos de saúde, educação e comércio ao nível da zona.

Foi devido a essas necessidades que em 2003 foram criadas as Juntas de Bom Governo, com sede nos recém-inaugurados caracóis, encarregadas de governar cada uma das cinco zonas do território rebelde. Surge assim a estrutura que durou vinte anos, articulada em três níveis: as comunidades, os municípios (cada um com várias dezenas de comunidades) e as zonas (cada uma com três a sete

86   3 Governo Autônomo

municípios autônomos). Cada nível tinha suas próprias autoridades, eleitas por períodos de dois ou três anos. Nas comunidades, existem cargos administrativos (agente, comissário etc.) com diferentes funções, mas a máxima autoridade em termos de tomada de decisões é a assembleia, que reúne a comunidade inteira e onde as decisões se tomam preferencialmente por consenso, e só em casos excepcionais se recorre à votação. Ou seja, as questões são discutidas, e tenta-se por todos os meios chegar a um acordo, escutando todas as vozes e discutindo todas as propostas e objeções, em um processo que pode ser muito demorado, mas que é radicalmente democrático. As autoridades comunitárias, então, têm a responsabilidade de acompanhar os processos e fazer cumprir os acordos. Esse é justamente o sentido do paradoxo "mandar obedecendo". Na concepção de governança zapatista, o governo obedece porque precisa consultar e obedecer às decisões do povo, decisões essas que são tomadas em assembleias nos diferentes níveis: a comunidade, o município e a zona. Ao mesmo tempo, o governo manda porque deve fazer cumprir aquilo que foi acordado nas deliberações coletivas. As autoridades, portanto, têm a responsabilidade tanto de criar iniciativas e promover os processos coletivos de tomada de decisões quanto de fazer cumprir os acordos derivados desses processos.

As primeiras Juntas de Bom Governo começaram a trabalhar em condições materiais muito precárias. Ainda na época da Escolinha da Liberdade, como pudemos constatar na ocasião no Caracol de Oventic, as instalações eram muito simples. Os dormitórios, por exemplo, eram estruturas simples de madeira com beliches sem colchões. Os membros das JBG não recebiam nenhum salário e inclusive, em algumas zonas, as autoridades tinham de levar suas próprias *tostadas* (*tortillas* torradas) para sua alimentação. Em outras zonas, toda a alimentação (*tortillas*, feijão, arroz, sal, pimenta e algumas verduras) era fornecida com os fundos da JGB. Isso contrasta com os luxos, altos salários e outros benefícios dos governantes oficiais, sem falar do obsceno enriquecimento pela corrupção e os tratos com o narcotráfico.

Como dissemos, em todos os níveis, as autoridades autônomas, da mesma forma que os promotores e promotoras, não recebem salário. No início, algumas zonas instituíram um apoio econômico para os membros das Juntas de Bom Governo, mas logo entenderam que o dinheiro não deveria ser um incentivo para governar. Em vez disso, passaram a ser apoiadas de diferentes formas por suas comunidades de origem. A forma do apoio variava de acordo com cada comunidade, e ele devia ser voluntário, acordado em assembleia — nenhuma comunidade podia ser obrigada a cooperar. Como no caso dos promotores e promotoras, esse apoio podia consistir em alimentos para a família ou no cuidado da roça individual/familiar da autoridade nos períodos de trabalho. Por exemplo, se a autoridade trabalhava turnos de quinze dias, quinze pessoas da comunidade se revezavam para trabalhar a roça da autoridade durante um dia cada. As passagens de ida e volta das comunidades ao caracol também eram pagas com os fundos do caracol. Havia outros "privilégios" ou direitos dos membros das JBG. Um deles era a isenção de participar em trabalhos coletivos e comunais, de forma que, no seu tempo livre, eles e elas pudessem trabalhar suas próprias terras. Também tinham direito a certos períodos de descanso por mês. Por exemplo, a JBG de La Realidad, na época da Escolinha, consistia em 24 membros, que se revezavam em turnos de doze membros por quinze dias. Já no Caracol de Oventic, os 28 membros da JBG se revezavam em turnos de uma semana, com um coordenador por cada turno. As autoridades também tinham direito a atenção médica gratuita e, em caso de doença grave, a ser trasladadas para algum hospital e a se recuperar em casa sem importar o tempo de recuperação. Também tinham direito de voltar para casa para cuidar de algum parente doente até sua recuperação. Finalmente, os cargos de autoridade eram abertos a todos e todas, sem qualquer distinção.

As formas de eleição variavam de acordo a cada zona. Em algumas, como em Oventic, as autoridades da JBG eram eleitas entre os membros dos Conselhos Municipais em uma assembleia que reunia todos os municípios. Em outras, os candidatos eram selecionados nas assembleias comunitárias, para depois serem eleitos em assembleia dos municípios.

Geralmente, o trabalho das autoridades da JBG durava três anos. Entretanto a maioria dos caracóis logo descobriu que todos os membros da JBG não podiam ser substituídos ao mesmo tempo, pois a nova Junta não sabia o que a anterior tinha feito nem tinha experiência para saber como resolver os problemas. Assim, as diferentes zonas instituíram a mudança de JBG em duas fases. Um tempo antes do fim do mandato (por exemplo, um ano antes), uma parte da JBG saía e outra entrava, mas o restante continuava mais um ano antes de ser substituída. Dessa forma, os que já entendiam os procedimentos podiam capacitar os novos membros e os instruir sobre os processos e projetos em curso.

88 3 Governo Autônomo

No início, a participação das mulheres em algumas zonas era bastante limitada. Por exemplo, no Caracol de Oventic, a primeira JBG consistiu em catorze homens e nenhuma mulher. Na época da Escolinha, porém, a política era eleger sempre um homem e uma mulher de cada município, de forma que a JBG tinha o mesmo número de homens e de mulheres.

As Juntas de Bom Governo geralmente contavam com responsáveis das diferentes áreas de trabalho, que variavam de acordo com as necessidades de cada zona. Estas incluíam: saúde autônoma, educação autônoma, agroecologia (em Oventic, na época da escolinha, havia 278 promotores e oito centros de capacitação), rádios comunitárias, cooperativas de produção, comércio, comunicação e transporte, justiça autônoma (da qual falaremos mais detalhadamente mais tarde neste capítulo), questões agrárias, acampamentos de observação de direitos humanos, os fundos coletivos como BANPAZ e BANAMAZ. Cada área contava com um coordenador, mas as questões sempre se resolviam coletivamente por todos os membros da JBG.

Um aspecto importante das JBG era a constante comunicação com os governos municipais autônomos e com as comunidades. Era preciso redigir relatórios sobre as atividades das JBG e propostas para as comunidades, e prestar contas sobre trabalhos coletivos ao nível das zonas e dos municípios. Toda iniciativa tinha de ser consultada nas comunidades e aprovada pelos povos. Isso acontecia por meio de assembleias no nível da zona ou dos municípios. Em casos em que não era possível chegar a um acordo nessas assembleias, organizavam-se encontros regionais; se mesmo assim a questão não fosse resolvida, discutia-se em assembleias em todas as comunidades da zona. As opiniões e propostas das comunidades voltavam então para a assembleia de zona, onde se discutiam até decidir pela melhor opção. Nos cadernos da Escolinha da Liberdade, ex-autoridades descrevem vários casos em que esse processo não foi devidamente observado, resultando em inconformidades, desânimo e fortes críticas por parte das bases.

É claro que esse é um processo demorado, muito diferente dos tempos da lógica ocidental. Como contou o Subcomandante Moisés, isso às vezes tem feito com que projetos propostos por ONGs e outras organizações não possam se realizar, porque, quando finalmente se obtém uma resposta, os fundos não estão mais disponíveis. "Fazer o quê", disse o Subcomandante, "para

89 Alejandro Reyes

isso temos nossa resistência e rebeldia, se não tivermos [apoio], vamos trabalhar, vamos continuar".[64] Em casos emergenciais, quando não era viável organizar uma assembleia extraordinária de zona, recorria-se aos representantes dos Conselhos Municipais presentes nos caracóis (em todos os caracóis havia escritórios permanentes com representantes dos governos municipais autônomos). Um exemplo foi a devastação causada por um furacão no litoral de Chiapas. Era preciso apoiar as comunidades afetadas, e não havia tempo para convocar uma assembleia de zona. Com as representações dos Conselhos Municipais autônomos, a JBG decidiu enviar apoios com os recursos disponíveis no momento. Depois, as comunidades foram informadas e elas também se organizaram para enviar milho e feijão.

As JBG também mantinham o controle de quantos companheiros bases de apoio havia na zona e nos municípios autônomos, e quantas comunidades havia em cada município. Isso se fazia por meio de censos solicitados às autoridades de todas as comunidades. Elas também eram responsáveis por criar e impulsionar, sempre com a consulta prévia e aprovação das comunidades, os diferentes trabalhos coletivos e outras iniciativas: criação coletiva de gado, cooperativas produtivas, *milpas* coletivas (*milpa* é a forma tradicional de cultivo camponês no México, que consiste em plantações mistas de milho, feijão e abóbora, além de outros elementos como pimenta) etc. Na área de agroecologia, a JBG coordenava as iniciativas de capacitação e conscientização no uso de fertilizantes e pesticidas orgânicos e de pesquisa nos seus laboratórios.

Nas diferentes zonas, eventualmente foram criadas comissões de vigilância e comissões de informação para garantir que as prestações de contas fossem verídicas. A Comissão de Vigilância era composta por bases de apoio das comunidades, e a Comissão de Informação, por membros do CCRI. Essas comissões fiscalizavam toda atividade monetária e verificavam que as prestações de contas trimensais, semestrais e anuais fossem corretas.[65]

---

64 Subcomandante Insurgente Moisés, "Resistencia y rebeldía III", 8 mai. 2015, em https://radiozapatista.org/?p=13326.

65 Segundo contou o Subcomandante Moisés no encontro "O pensamento crítico perante a hidra capitalista". Disponível em texto e áudio em https://radiozapatista.org/?p=13326.

90   3 Governo Autônomo

Justiça autônoma

Na zona selva, comerciantes guatemaltecos percorrem (ou percorriam, antes da violência generalizada atual na região fronteiriça) as comunidades a pé, oferecendo diversos produtos. Em uma ocasião, quatro jovens decidiram assaltar um grupo desses comerciantes. Felizmente, a comunidade conseguiu prendê-los e devolver os bens roubados aos guatemaltecos. Entretanto a assembleia comunitária considerou que se tratava de um delito grave, pois a "narcocultura" veiculada pela mídia começava a seduzir a juventude, e era preciso deixar claro que isso não podia ser permitido. Portanto, decidiram expulsar os jovens da comunidade. As famílias dos jovens, desesperadas, suplicavam que não fossem castigados de forma tão severa. As autoridades então levaram a questão à Junta de Bom Governo. A Junta convocou as partes e constatou que os jovens reconheciam seu erro. Em seu papel de mediação, a Junta sugeriu que os jovens fossem castigados com oito meses de trabalho comunitário no caracol, para depois voltarem à comunidade para retomar suas vidas. Nos diálogos, finalmente, todas as partes concordaram, e o processo serviu para estimular uma reflexão coletiva na comunidade sobre como aplicar uma justiça realmente justa.[66]

"Todos somos humanos e todos erramos", disse um membro da Junta de Bom Governo de La Realidad. "É diferente do que a polícia faz: eles chegam, pegam alguém e começam a bater, pensando que assim se soluciona o problema. Nós o solucionamos por meio da conscientização. É como se alguém tivesse caído numa vala; é preciso lhe dar a mão e o colocar de novo no seu lugar."[67]

A justiça autônoma zapatista provém de uma tradição de justiça indígena presente em todo o continente americano. Trata-se de uma justiça restaurativa, não punitiva, que procura o reestabelecimento do equilíbrio e da harmonia. Entende-se que os crimes não só afetam a vítima, mas também o delinquente, as famílias e a comunidade inteira. Em tojolabal, a principal língua falada na zona Selva, não existe a palavra "castigo". Em vez disso, utiliza-se a expressão "apagar o delito", o que implica que a função primordial da justiça é a restauração do tecido social.[68]

---

66 Este e os outros casos aqui relatados provêm de Giovanna Gasparello, *Justicias y pueblos indígenas en Chiapas: de la violencia a la autonomía*, Cidade do México, Tirant Humanidades, 2018.

67 Giovanna Gasparello, *Justicias y pueblos indígenas en Chiapas*, p. 262.

68 Ibidem, p. 263.

91 Alejandro Reyes

Outro caso relatado por Giovana Gasparello em *Justicias y pueblos indígenas de Chiapas* é o de um homem zapatista, casado, que se apaixonou por outra mulher e decidiu abandonar sua esposa e a organização para ir morar com sua nova mulher em San Cristóbal. Tempo depois, o casal decidiu voltar à comunidade, mas para isso precisaram da aprovação das autoridades comunitárias. Trata-se de um problema considerado sério nas comunidades, pois o abandono afeta não apenas os adultos, mas também, e sobretudo, as crianças. Em diálogo com as partes, a antiga mulher pedia terras e milho, mas o homem não tinha terras. Finalmente, chegou-se a um acordo: ele compraria uma vaca que ela poderia vender em caso de necessidade. Além disso, tanto ele quanto a nova mulher teriam de fazer trabalho comunitário durante dois meses. Assim, ele trabalhou um tempo construindo uma cabine para a rádio comunitária e depois construindo banheiros secos e um tanque de captação de água pluvial no caracol, e ela como cozinheira no refeitório comunitário.[69]

Em um dos cadernos da Escolinha da Liberdade, uma companheira autoridade da Junta de Bom Governo de La Realidad conta o caso de uma companheira que apresentou uma denúncia às autoridades do município autônomo porque queria se separar do marido, que já tinha outra mulher. Na investigação, as autoridades autônomas descobriram que o homem agredia a esposa, não só batendo: pendurou a mulher pelos pés para lhe bater, fazendo o mesmo com dois dos seus filhos. Depois de muita deliberação com as partes, a solução foi repartir todos os bens do homem: a maior parte para a primeira mulher e uma pequena parte para a segunda esposa, pois ela também tinha um filho. Nada ficou para o homem.[70]

Outro caso relatado por Gasparello, mas do qual eu já tinha ouvido falar em conversas informais no caracol de La Realidad, é o dos primeiros traficantes de migrantes pegos em território zapatista. A questão não apenas desse caso, mas da problemática do tráfico de migrantes em geral, foi discutida em assembleia geral de zona. Trata-se de uma situação complicada, pois são milhares de centro-americanos que passam por Chiapas todo mês em condições de extrema vulnerabilidade à procura de uma vida melhor nos Estados Unidos, fugindo da pobreza e da violência nos seus países de origem.

---

69 Ibidem, p. 255-256.

70 *Participación de las mujeres en el gobierno autónomo*, caderno da Escolinha da Liberdade, p. 14, disponível em https://radiozapatista.org/?page_id=20294.

92   3 Governo Autônomo

Nessas conversas, ficou estabelecido que as comunidades zapatistas deveriam cuidar dos migrantes, os hospedando e os ajudando com indicações sobre o melhor caminho para continuar, mas que os traficantes teriam de pagar com seis a nove meses de trabalho comunitário. Na ocasião, o dinheiro requisitado aos traficantes foi devolvido aos migrantes. Para os traficantes pegos, o processo de reeducação consistiu em construir a ponte que comunica o hospital autônomo de San José del Río com a estrada, junto com os trabalhadores bases de apoio zapatistas. No final do período de trabalho, os traficantes agradeceram a experiência e o fato de terem aprendido a profissão de pedreiro.

Paulina Fernández, que realizou uma extraordinária pesquisa na zona de La Garrucha, com entrevistas coletivas a membros dos Conselhos Municipais, a Junta de Bom Governo, autoridades comunitárias e bases de apoio reunidos em assembleias, explica que, para entender o sentido da justiça autônoma zapatista, é preciso olhar para a violência institucional do Estado na época das fazendas, que constituía uma espécie de "sistema de administração de justiça sem justiça".

> Para aqueles que nasceram e trabalharam nas fazendas, o que ainda importa a esses velhinhos e velhinhas são os tratos de animais que recebiam, são os golpes de chicote com os quais eram castigados. São as jornadas de mais de doze horas sem pagamento, são os quilômetros entre a fazenda e a cidade, até onde tinham de caminhar e de onde tinham de trazer carga nas costas.[71]

A "justiça" institucional na época das fazendas se colocava sempre do lado dos fazendeiros, deixando os indígenas sem qualquer recurso legal para se defender. Mas a injustiça desse sistema não ficou no passado. Como denunciado reiteradamente pelo Centro de Direitos Humanos Fray Bartolomé de Las Casas, a polícia, junto com o sistema de justiça atual, constitui uma "fábrica de culpáveis", cujos métodos de "investigação" consistem regularmente em prender qualquer indígena (sobretudo os envolvidos em alguma forma de defesa do território), torturá-los e forçá-los a assinar declarações de culpabilidade.[72] Ao mesmo tempo, existe a consciência de que, sem dinheiro, nada se resolve na justiça oficial. É por isso que muitas pessoas não zapatistas procuram a justiça

---

71   Paulina Fernández Christlieb, *Justicia autónoma zapatista, zona selva tzeltal*, México, Ediciones Autónom@s, 2014.

72   Ver, por exemplo, o Boletim 21 do Centro de Direitos Humanos Fray Bartolomé de Las Casas, em https://frayba.org.mx/index.php/tortura_practica_sistematica_generalizada.

autônoma, que atende a todos, sejam da organização, partido político, religião ou condição socioeconômica que forem. Na justiça autônoma, não há prisão nem multa, e ninguém precisa pagar pelo serviço. Existem cadeias, sim, mas elas são apenas utilizadas em casos de ebriedade, até a embriaguez passar, ou em caso de necessidade durante as investigações. Os castigos geralmente consistem em formas não monetárias de reparação de danos, na medida do possível, e em trabalho para benefício coletivo. Não há uma codificação de delitos e castigos, embora para certos delitos haja pelo menos alguns critérios mínimos que são observados. Mas as soluções aos conflitos dependem sempre das circunstâncias de cada caso, dialogadas com todas as partes. Como dissemos, a função principal das instâncias da justiça autônoma é investigar o caso e mediar entre as partes no intuito de chegar a um acordo que permita a reconciliação e a restauração da harmonia coletiva, assim como a reintegração do infrator à vida comunitária — um processo chamado de *reeducação*. O que se procura é que o infrator reconheça o dano e esteja disposto a repará-lo e a não cometê-lo de novo, e que a vítima não guarde rancor e não exija um castigo injusto.

O processo de reeducação envolve trabalho coletivo, mas também conversas com as autoridades com vias à conscientização e ao convencimento de que é preciso cumprir com as determinações da justiça autônoma (trabalhos e outras formas de reparação de danos) voluntariamente. Assim, os infratores não ficam presos na cadeia e têm a liberdade de decidir onde dormir e o que fazer com seu tempo livre. No Caracol de La Garrucha, segundo conta Gasparello, o trabalho começa às seis e termina às catorze horas, com um descanso no meio para tomar *pozol*.[73] Depois do trabalho, o caracol oferece o almoço e depois a pessoa fica livre para descansar ou realizar suas próprias atividades. Quando o castigo é de vários meses, a pessoa tem períodos de dez ou quinze dias para visitar a família em sua comunidade de origem, ou de ficar períodos mais longos em casos de doença. Esse sistema funciona, evidentemente, porque há um acordo com as comunidades, de forma que, se o preso tentar fugir, não poderá voltar à sua comunidade. Isso, é claro, é mais complicado quando os infratores são não zapatistas e não é possível chegar a um acordo com as autoridades das suas comunidades.

73　A bebida típica e muito energética dos indígenas e camponeses em Chiapas, que consiste em massa de milho fermentado dissolvida em água.

94 3 Governo Autônomo

Tudo isso está relacionado com o conceito de *ch'ulel*, que será abordado mais detalhadamente no último capítulo deste livro. O *ch'ulel* (alma, espírito, consciência ou força vital de todos os seres vivos e não vivos), tanto individual quanto coletivo, pode ficar incompleto ou preso em algum lado. Quando alguém comete um ato que prejudica outras pessoas, é porque seu *ch'ulel* está incompleto; mas o ato também afeta o *ch'ulel* coletivo. Nas tradições espirituais maias, nesses casos, se fazem rituais para restaurar o *ch'ulel*. Embora a justiça autônoma não recorra a formas de reintegração individual e coletiva por meio das práticas espirituais, sua concepção de recomposição do tecido social por meio do reconhecimento do erro e da reparação de danos tem muito a ver com essa visão de mundo. *Lekil chapanel* ("justiça verdadeira" na língua tsotsil) é justamente isso: a restauração do tecido coletivo e a reintegração do delinquente a uma vida digna.

A justiça autônoma também dá as costas à extrema especialização, codificação e ritualização da justiça oficial. As autoridades encarregadas da justiça autônoma são camponeses sem qualquer formação específica em direito, mas que contam com suficiente legitimidade para resolver as situações através do diálogo.

Antes das mudanças em finais de 2023, a primeira instância da justiça autônoma eram as autoridades comunitárias. Quando o problema não podia ser resolvido por elas ou não era da sua competência, ele passava ao município autônomo e, em última instância, à Junta de Bom Governo, que, com a Comissão de Honra e Justiça, presente em todos os caracóis, resolvia os problemas mais graves, aqueles que envolviam diferentes municípios ou disputas entre zapatistas e não zapatistas, sobretudo por conflitos agrários.

Um dos problemas frequentes são os conflitos com povos e organizações não zapatistas, sobretudo pela posse da terra. Muitas vezes, esses conflitos são instigados e promovidos pelo Estado, como forma de contrainsurgência no intuito de debilitar o zapatismo. E, muitas vezes, essa contrainsurgência se apresenta na forma de violência armada por parte de grupos paramilitares e, cada vez mais, narcoparamilitares. A função das Juntas de Bom Governo nesses casos era procurar uma saída negociada, na medida das possibilidades; organizar ações de autodefesa pacífica, como veremos em outro capítulo; elaborar denúncias públicas veiculadas no site do Enlace Zapatista (enlacezapatista.ezln.org.mx), replicadas pela mídia livre e apresentadas às instâncias do governo oficial e a organismos internacionais de direitos humanos pelo Centro de Direitos Humanos Fray Bartolomé de Las Casas; ou, em casos extremos, solicitar o apoio da estrutura militar do EZLN, como no caso do assassinato do professor Galeano em La Realidad em 2014. Embora ainda não haja informações públicas sobre o funcionamento da justiça autônoma depois da mudança, podemos imaginar que o processo será similar com as novas estruturas do governo autônomo.

Problemas e desafios da autonomia

É preciso lembrar que a autonomia zapatista se desenvolve em um contexto muito conflitivo e com grandes pressões externas, sobretudo pelas diferentes formas que adotam as ações contrainsurgentes do Estado. Por um lado, a pressão militar, com operações diretas sobretudo na década de 1990. Por outro lado, a atuação de grupos paramilitares, cuja maior expressão aconteceu também em finais dessa década, mas que têm estado presentes ao longo de toda a história do zapatismo e com renovada força nos últimos anos. O exemplo atual mais claro é a organização ORCAO, que desde 2019 tem atacado repetidamente as comunidades zapatistas, queimando escolas, armazéns e roças, atirando com armas de alto calibre, sequestrando, torturando, ferindo e expulsando os povoadores das suas terras, com completa impunidade e, inclusive, financiando suas armas com fundos de projetos sociais do governo federal, como o Sembrando Vida.

Outra forma de contrainsurgência à qual é muito difícil de resistir são justamente os projetos sociais e de "desenvolvimento" dos governos estadual e federal, utilizados sistematicamente para dividir os povos em resistência, sobretudo os zapatistas. Perante o condicionamento desses projetos à submissão e seus efeitos desmobilizadores, os zapatistas estabeleceram como fundamento da autonomia não receber qualquer apoio do governo. Embora haja muita consciência da necessidade dessa decisão, para quem sofre de carências materiais significativas, às vezes é difícil de resistir à tentação, levando alguns a abandonar a organização.

Por outro lado, a autonomia requer esforços constantes que podem levar ao desânimo e à exaustão. Além do trabalho individual/familiar na roça e em outras atividades produtivas, é preciso participar dos trabalhos coletivos na comunidade, no município e na zona; é preciso realizar as tarefas de responsabilidade das diferentes comissões; é preciso participar em todo tipo de assembleias e reuniões; é preciso participar em esforços coletivos em momentos

96   3 Governo Autônomo

excepcionais de autodefesa ou de construção de instalações para eventos e novas iniciativas da organização (por exemplo, a construção, em apenas dois meses, do Sementeiro Comandanta Ramona, um imenso complexo anexo ao Caracol de Morelia, para receber o Conselho Indígena de Governo, ou do auditório A Baleia, com capacidade de mais de mil pessoas, no Caracol de Tulan Kau, para o festival de cinema e de dança em 2019, as preparações para os Encontros de Mulheres que Lutam ou para a Escolinha da Liberdade etc.) — tudo isso com as pressões externas e as carências materiais descritas acima. Isso também faz com que muitas bases de apoio terminem desistindo e abandonem a organização. Muitas vezes, essas deserções não implicam um rompimento com os princípios zapatistas; ao contrário, muitas das lutas não zapatistas em Chiapas são promovidas por ex-*compas* que mantêm um forte vínculo com os princípios zapatistas. Há, porém, aqueles que são cooptados pelo Estado com dinheiro e posições de poder e adquirem uma postura claramente antizapatista. Esses casos são muito problemáticos — como no caso dos paramilitares de La Realidad que assassinaram o professor Galeano e destruíram a clínica e a escola, todos eles e elas antigos zapatistas —, pois conhecem as formas de organização zapatista e fazem uso desse conhecimento para atacá-los.

A falta de recursos é também um grande desafio para a autonomia zapatista em geral, não apenas para o autogoverno. Como financiar um governo próprio, os sistemas de saúde, de educação, de transporte, comunicações e mais, as mobilizações, a autodefesa, os tantos eventos públicos (os eventos de artes, de ciências, de mulheres, de pensamento crítico, os encontros de lutas e resistências, etc.), sem financiamento do Estado e sem recorrer a editais públicos ou privados, apenas com trabalhos coletivos, a comercialização de produtos como café e artesanato através de uma rede de comércio justo e a solidariedade nacional e internacional? O fato de eles o fazerem é prova de que é possível, mas o esforço que isso implica requer um nível muito alto de comprometimento com um projeto de vida coletivo de longo prazo. Quando as situações pessoais ou familiares se complicam por razões de saúde, econômicas ou o que for, manter esse nível de comprometimento se torna muito difícil.

Outra dificuldade muito contemporânea, que afeta sobretudo os jovens, é a sedução dos desejos e valores fomentados pelas redes sociais e as novas tecnologias, que não estão ausentes nas comunidades. Isso é muito visível nas comunidades não zapatistas, onde os jovens tendem a migrar massivamente, seja para os Estados Unidos ou para outras partes do México, à procura de um bem-estar material e de uma forma de vida muito diferente da camponesa. O fenômeno da migração, e mais recentemente do narcotráfico, trouxeram mudanças muito visíveis em Chiapas. Por exemplo, na região tsotsil de Los Altos, casas de alvenaria de dois ou três andares, com uma arquitetura ostentosa sem dúvida bela e muito singular, contrastam visivelmente com a arquitetura tradicional indígena. Para os zapatistas, construir a autonomia implica renunciar a essas aspirações, o que, novamente, implica um nível muito alto de consciência política, difícil de manter perante o assalto constante das redes sociais e das novas mídias.

Em anos recentes, a presença do crime organizado e os enfrentamentos brutais entre os diferentes carteis, assim como a reprodução de grupos armados menores, porém muito violentos, em todo o estado, se tornou um problema muito grave. Trata-se de organizações com um alto poder de fogo, muitos recursos e nenhuma ética, que disputam o controle de territórios que o zapatismo, que tem um exército, defende sem armas, apenas com organização, disciplina e muita perspicácia. Mas o problema não é apenas o controle territorial; ele envolve também uma ruptura dramática do tecido social. O escritor tsotsil chamula Mikel Ruiz publicou alguns anos atrás o extraordinário romance *La ira de los murciélagos*, onde desvenda de forma muito crua a gravíssima decomposição social entre os povos indígenas ocasionada pela cultura do narcotráfico. Mais uma vez, enfrentar isso requer esforços contínuos por manter um nível de consciência muito alto entre as centenas de milhares de bases de apoio zapatistas — uma tarefa monumental, mas cujos resultados foram visíveis, por exemplo, na belíssima celebração do trigésimo aniversário do levantamento zapatista no Caracol de Dolores Hidalgo, de 30 de dezembro de 2023 a 2 de janeiro de 2024.[74]

Há, também, os problemas internos derivados da própria estrutura do governo autônomo. Em um comunicado publicado em novembro de 2023, contendo uma entrevista ao Subcomandante Moisés realizada em agosto e setembro desse ano, o Subcomandante explica a avaliação interna dos vinte anos de funcionamento das Juntas de Bom Governo e os trinta anos dos Municípios Autônomos Rebeldes Zapatistas.

"O principal problema é a maldita pirâmide", diz o Subcomandante. Embora o sistema de governo autônomo zapatista represente

---

74   Ver a cobertura da Rádio Zapatista em https://radiozapatista.org/?page_id=47233.

uma ruptura radical com o personalismo e a estrutura vertical do Estado, com estruturas de governo coletivas, horizontais e rotativas, também é verdade que a estrutura JBG-Conselhos Municipais-autoridades/assembleia comunitárias não deixa de ser piramidal. Nessa estrutura, explica o Subcomandante, a comunicação muitas vezes terminava falhando; a palavra dos povos muitas vezes chegava incompleta ou adulterada às instâncias superiores, e o mesmo acontecia com as informações, relatórios e propostas das JBG e dos Conselhos Municipais para as comunidades. Por outro lado, o "mandar obedecendo" nem sempre se cumpria, com as autoridades às vezes impondo suas decisões. Casos como o relatado acima do Conselho Municipal de San Andrés Sakamch'en de los Pobres, aparentemente, aconteciam com certa frequência. Além disso houve também, apesar do trabalho de fiscalização das comissões de vigilância e informação, casos de má administração dos recursos.

A isso tudo acrescenta-se, na avaliação zapatista, a grave situação de violência extrema que se vive no estado, assim como a "tormenta" global que descrevemos na Introdução.

> Por tudo isso e mais, entramos numa grande série de reflexões e chegamos à conclusão de que só nos resta uma grande discussão de todos os povos e análises, de que forma enfrentar a nova e má situação e ao mesmo tempo de como vamos continuar nos governando. Foram realizadas reuniões e assembleias, zona por zona, até chegar a um acordo de que já não vão existir as Juntas de Bom Governo nem os Municípios Autônomos Rebeldes Zapatistas. E que precisamos de uma nova estrutura, ou seja, nos acomodarmos de outra forma.[75]

As novas estruturas do governo autônomo

Quando em novembro de 2023 o Subcomandante Moisés anunciou que as Juntas de Bom Governo e os Municípios Autônomos Rebeldes Zapatistas deixaram de existir,[76] em um contexto de violência

---

75   "Décima parte: sobre as pirâmides e seus usos e costumes. Conclusões da análise crítica de MAREZ e JBG", *Enlace Zapatista*, nov. 2023, em https://enlacezapatista.ezln.org.mx/2023/11/15/decima-parte-sobre-as-piramides-e-seus-usos-e-costumes-conclusoes-da-analise-critica-de-marez-e-jbg-fragmento-da-entrevista-feita-ao-subcomandante-insurgente-moises-nos-meses-de-agosto-setembro/.

76   "Quarta parte e alerta de primeira aproximação. Várias mortes necessárias", *Enlace Zapatista*, nov. 2023, em https://enlacezapatista.ezln.org.mx/2023/11/06/quarta-parte-e-alerta-de-primeira-aproximacao-varias-mortes-necessarias/.

99   Alejandro Reyes

generalizada e disputa territorial por cartéis do crime organizado e depois de um longo período de silêncio, jornalistas da mídia comercial e diversos "experts" correram entusiasmados às suas escrivaninhas para dizer que o zapatismo tinha finalmente sucumbido perante a violência do *narco*. Menos de dois meses depois, o que presenciamos os milhares de pessoas que viajamos ao Caracol de Dolores Hidalgo para celebrar o "trigésimo aniversário do início da guerra contra o esquecimento" contou uma história bem diferente, visível já no trajeto até o local do encontro: dezenas de comunidades com placas anunciando "Governo Autônomo Local Zapatista". Isso sem falar do imenso espaço que nos recebeu, onde se congregaram milhares de zapatistas, sobretudo jovens, que nos deleitaram com obras de teatro, música e poesia, e um grande contingente de milicianas e milicianos.

Nas peças de teatro, jovens zapatistas encenaram a trajetória da construção da autonomia, representaram com humor a devastação atual decorrente do governo da suposta "quarta transformação" junto com o capital extrativista e o crime organizado, e nos mostraram o significado do "comum" e as razões, o sentido e o funcionamento das mudanças internas no sistema de autogoverno.

Se a autocrítica os levou a entender que a estrutura piramidal é inerentemente problemática, o que eles fizeram foi basicamente virá-la de ponta-cabeça. Mas deixemos que seja a voz do Subcomandante Moisés que explique aqui a nova estrutura do governo autônomo:

PRIMEIRO • A base principal, que não é apenas onde se sustenta a autonomia, mas também sem a qual as outras estruturas não podem funcionar, é o **Governo Autônomo Local, GAL**. Há um GAL em cada comunidade onde habitam bases de apoio zapatistas. Os **GAL** zapatistas são o núcleo de toda a autonomia. São coordenados pelos agentes e comissários autônomos e estão sujeitos à assembleia do povo, rancharia, comunidade, localidade, bairro, *ejido*, colônia, ou como cada população se autodenomine. Cada GAL controla seus próprios recursos organizativos autônomos (como escolas e clínicas) e a relação com povos irmãos não zapatistas vizinhos. E controla o bom uso do dinheiro. Também detecta e denuncia más administrações, corrupções e os erros que possam existir. E está atento àqueles que querem se passar por autoridades zapatistas para pedir apoios ou ajudas que usam para benefício próprio.

Então, se antes havia algumas dezenas de MAREZ, ou seja, Municípios Autônomos Rebeldes Zapatistas, agora há milhares de GAL zapatistas.

SEGUNDO • De acordo com suas necessidades, problemas e avanços, vários **GAL** se convocam em **Coletivos de Governos Autônomos Zapatistas, CGAZ**, e ali discutem-se e tomam-se decisões sobre assuntos que interessam aos GAL convocantes. Quando assim determine, o Coletivo de

100   3 Governo Autônomo

Governos Autônomos convoca uma assembleia das autoridades de cada comunidade. Nela se propõem, discutem e aprovam ou rejeitam os planos e necessidades de Saúde, Educação, Agroecologia, Justiça, Comércio, e outros que forem necessários. No nível do *CGAZ* estão os coordenadores de cada área. Não são autoridades. Seu trabalho é garantir a execução das tarefas solicitadas pelos GAL ou que se considerem necessárias para a vida comunitária. Como, por exemplo: campanhas de medicina preventiva e vacinação, campanhas para doenças endêmicas, cursos e capacitação especializada (como técnicos em laboratório, raios-X, ultrassom, mamografias e o que mais aprendermos), de alfabetização e níveis superiores, encontros esportivos, culturais, festividades tradicionais etc. Cada região ou *CGAZ* tem seus diretores, que são os que convocam assembleias se houver algum problema urgente ou que afete várias comunidades.

Ou seja, onde antes havia doze Juntas de Bom Governo, agora haverá centenas.

TERCEIRO • Seguem-se as *Assembleias de Coletivos de Governos Autônomos ZAPATISTAS, ACGAZ*. Que são o que antes se conhecia como zonas. Mas não têm autoridade, dependem dos CGAZ. E os CGAZ dependem dos GAL. A ACGAZ convoca e preside as assembleias de zona, quando necessárias segundo as solicitações dos GAL e CGAZ. Elas têm sua sede nos caracóis, mas movem-se entre as regiões. Ou seja, são móveis, de acordo com as demandas de atenção dos povos.

QUARTO • Como poderá ser visto na prática, o Comando e Coordenação da Autonomia foram transferidos das JBG e MAREZ para os povos e comunidades, para os GAL. As zonas (ACGAZ) e as regiões (CGAZ) são comandadas pelos povos, devem prestar contas aos povos e buscar formas de atender suas necessidades de Saúde, Educação, Justiça, Alimentação e outras que surjam por emergências causadas por desastres naturais, pandemias, crimes, invasões, guerras e as demais desgraças impostas pelo sistema capitalista.

QUINTO • Reorganizamos a estrutura e disposição do EZLN de modo a aumentar a defesa e segurança das comunidades e da mãe terra em caso de agressões, ataques, epidemias, invasão de empresas predatórias da natureza, ocupações militares parciais ou totais, catástrofes naturais e guerras nucleares. Preparamo-nos para que nossos povos sobrevivam, mesmo isolados uns dos outros.

SEXTO • Entendemos que possam ter dificuldades para assimilar isso. E que, por um tempo, terão dificuldades para entender. Nós demoramos dez anos para pensar nisso, e, desses dez anos, três para prepará-lo para a prática.

Também entendemos que possa parecer que seu pensamento está confuso. Por isso é necessário que mudem seu canal de entendimento. Apenas olhando muito longe, para trás e para frente, será possível entender o passo presente.

Esperamos que compreendam que é uma estrutura nova de autonomia, que estamos apenas aprendendo e que levará um pouco de tempo para funcionar bem.

Na verdade, este comunicado tem apenas a intenção de dizer que a autonomia zapatista continua e avança, que achamos que será melhor assim para os povos, comunidades, paragens, bairros, colônias, *ejidos* e rancharias onde vivem, ou seja, lutam as bases de apoio zapatistas. E que foi decisão deles, levando em conta suas ideias e propostas, suas críticas e autocríticas.

Também, como se verá, esta nova etapa da autonomia é feita para enfrentar o pior da Hidra, sua bestialidade mais infame e sua loucura destrutiva. Suas guerras e invasões empresariais e militares.

Não existem para nós fronteiras nem geografias distantes. Tudo o que acontece em qualquer canto do planeta nos afeta e diz respeito, nos preocupa e dói. Na medida de nossas muito pequenas forças, apoiaremos seres humanos em desgraça, sem importar sua cor, raça, nacionalidade, crença, ideologia e língua. Embora não saibamos muitas línguas nem entendamos muitas culturas e modos, sabemos compreender o sofrimento, a dor, a pena e a digna raiva provocada pelo sistema.

Sabemos ler e escutar os corações irmãos. Continuaremos tentando aprender com eles, com suas histórias e suas lutas. Não só porque sofremos isso por séculos inteiros e sabemos o que é. Também e principalmente porque, como há trinta anos, nossa luta é pela vida.

Certamente cometemos muitos erros em todos esses anos. Com certeza cometeremos mais nos próximos 120 anos. Mas NÃO nos renderemos, NÃO mudaremos de caminho, NÃO nos venderemos. Sempre estaremos revisando com olhar crítico nossa luta, seus tempos e modos.

Sempre estarão nosso olhar, nosso ouvido, nossa cabeça e nosso coração dispostos a aprender de outros que, embora diferentes em muitas coisas, têm nossas mesmas preocupações e semelhantes anseios por democracia, liberdade e justiça.

E sempre buscaremos o melhor para nossos povos e para as comunidades irmãs.

Somos, pois, zapatistas.

Enquanto houver ao menos um, uma, *umoa* zapatista em qualquer canto do planeta, resistiremos em rebeldia, ou seja, lutaremos.[77]

---

77   Subcomandante Insurgente Moisés, "Nona parte: a nova estrutura da Autonomia Zapatista", Enlace Zapatista, nov. 2023, em https://enlacezapatista.ezln.org.mx/2023/11/13/nona-parte-a-nova-estrutura-da-autonomia-zapatista/.

30° aniversário do levantamento zapatista. Caracol de Dolores Hidalgo, dezembro de 2023. Foto: Rádio Zapatista

4
SOBERANIA ECONÔMICA

Em 15 de outubro de 2017, às 7h30, a caravana do Conselho Indígena de Governo saía de Guadalupe Tepeyac, na Selva Lacandona, a caminho do Caracol de Morelia. Enquanto isso, no dia anterior, chegaram a esse caracol milhares de bases de apoio zapatistas, indígenas aderentes à Sexta Declaração da Selva Lacandona, milicianos e milicianas. Desde cedo, uma dupla fila de um quilômetro se formou da entrada do caracol ao antigo local da escola secundária autônoma zapatista, transformado agora no Sementeiro Pegadas do Caminhar da Comandanta Ramona: um imenso espaço de encontros com uma impressionante estrutura construída em apenas dois meses, com restaurantes, espaços para hospedagem, latrinas e chuveiros, salas de reunião, um grande auditório, clínica, escola, escritórios administrativos e um imenso campo com dois palcos para representações e festividades. Tudo isso construído com recursos próprios das cooperativas e o trabalho coletivo de muitos zapatistas.

Um quilômetro de mulheres, homens, crianças e anciãos esperava a chegada do Conselho Indígena de Governo (CIG) e sua porta-voz, Marichuy, enquanto na entrada do caracol uma banda tocava ao lado do caminhão que levaria Marichuy ao "sementeiro". Quando, depois de uma espera de seis horas sob a chuva, a caravana finalmente chegou, o cansaço sumiu. Marichuy, acompanhada por comandantas e uma insurgenta do EZLN, subiu ao caminhão.

105 Alejandro Reyes

Um quilômetro de alegria entre o verdor dessas montanhas que com tanto esforço os indígenas vêm protegendo. Impossível não se lembrar nesse momento dos atos políticos cheios de gente paga com sanduíches e bonés, suportando humilhações para receber as migalhas com as quais o candidato do momento compra sua suposta lealdade. A diferença aqui era que o recém-formado Conselho Indígena de Governo era seu. "Nossos avós sonharam com ver isto", escutou-se nas caixas de som na entrada do sementeiro. "Não puderam ver, mas somos nós, os jovens, que presenciamos agora este momento."

Ao entrar no espaço, uma enorme fila dupla de milicianos e milicianas do EZLN, formada com disciplina e organização, recebeu Marichuy e as comandantas. Assim percorreram o grande espaço e suas muitas construções, cobertas com pinturas murais coloridas, até o palco na frente do campo, onde se congregaram os milhares de assistentes.

O evento naquele espaço foi um dos muitos realizados em outubro de 2017 para celebrar o início da travessia do CIG pelo país para impulsionar a candidatura de Marichuy e, sobretudo, para mostrar que outra forma de democracia é possível.[78]

Há muito que refletir sobre essa grande mobilização, mas aqui nos centraremos na soberania econômica necessária não apenas para construir um espaço dessa magnitude nessa velocidade e para financiar essa grande mobilização no território rebelde, mas para sustentar toda a autonomia zapatista. Tudo isso com recursos próprios e a solidariedade de indivíduos e organizações afins, sem recorrer a editais ou qualquer fonte de financiamento que tenha a ver com o Estado ou com o capital empresarial.

A soberania econômica é sem dúvida um dos maiores desafios na construção da autonomia. Como criar estruturas independentes do Estado e do capital empresarial sem recorrer às típicas fontes de financiamento, vinculadas, justamente, ao Estado e ao capital empresarial, em um mundo onde tudo é monetizado, onde tudo é mediado pelo dinheiro? O caminho, diz o Subcomandante Moisés, é "nos apropriarmos dos meios de produção e administrá-los nós mesmos".[79] Com imensas dificuldades, através de um processo de muitos anos de tentativa e erro não isento de contradições, os zapatistas conseguiram construir, como vimos, sistemas de saúde

---

78   Ver a cobertura completa da Rádio Zapatista em https://radiozapatista.org/?page_id=23178.

79   EZLN, *El pensamiento crítico frente a la hidra capitalista*, v. I, p. 85.

106   4 Soberania econômica

e educação autônomos; sistemas de governo próprio e de justiça autônoma; sistemas de transporte e comunicações; cooperativas e projetos produtivos; realizar imensas mobilizações com dezenas de milhares de pessoas como a que descrevemos acima, a Marcha do Silêncio e a grande mobilização em seis cidades, todos os caracóis e diversas estradas, em solidariedade com as vítimas da guerra da Ucrânia e outras, em março de 2022; e grandes encontros e outras iniciativas, como a Escolinha da Liberdade, os Encontros de Mulheres que Lutam, os festivais de cinema e os CompArtes (encontros de artes com milhares de participantes zapatistas e de muitas partes do mundo, de forma inteiramente gratuita e autogerida, como veremos em outro capítulo).

A autogestão econômica começou nos tempos da clandestinidade, pela necessidade de adquirir armas, munições, uniformes e outros equipamentos para a guerra, mas também para resolver as dificuldades que enfrentavam as comunidades, sobretudo as mais urgentes relativas à saúde. Além disso, a Comandância previa que, depois do levantamento, o governo os atacaria não apenas com as armas, mas também com recursos econômicos, no intuito de dividi-los e assim quebrar a resistência. Por isso, era preciso cortar o máximo possível a dependência externa e construir a soberania econômica.

A chave dessa soberania era, e ainda é, o trabalho coletivo, que na época se fazia de forma clandestina. No início, a ideia foi que todo o trabalho fosse coletivo, e que com esse trabalho as famílias pudessem se sustentar. Porém, como conta o Subcomandante Moisés,[80] se apresentaram diversos problemas. Por um lado, havia momentos em que chovia demais, ou muito pouco, perdia-se muito da produção e as famílias passavam fome. Por outro lado, quando uma família precisava de algum produto da roça e pegava, surgiam conflitos, pois era preciso ter o acordo de toda a comunidade. Assim, os povos, em particular as mulheres, iniciaram um processo de diálogo, chegando-se ao acordo de ter terras individuais/familiares para as necessidades das famílias e terras coletivas para as necessidades comuns, dividindo os dias de trabalho individual e coletivo por semana conforme os acordos decididos em assembleia.

Nos cadernos da Escolinha da Liberdade, o *compa* Gonzalo, ex-autoridade do município autônomo de San Andrés, conta que, como dissemos, antes de 1994, a Comandância e os responsáveis

---

80   Ibidem, p. 84.

107   Alejandro Reyes

locais e regionais advertiram as bases de que, depois do levantamento, o governo os atacaria com recursos econômicos. E foi justamente isso o que aconteceu. Essa constatação foi o que levou à decisão de não aceitar nenhum dinheiro, apoio ou projeto do governo, uma postura radical que contrasta com as práticas de quase todas as comunidades não zapatistas. Diz o Subcomandante Moisés:

O governo começou a mostrar que vai dar muitos projetos, então a gente sente inveja, porque começamos logo a entender que o governo está dando [às comunidades não zapatistas] tudo o que está dando porque não quer que sejam zapatistas, então é por causa da gente que eles estão recebendo. Então as companheiras começaram a dizer *não*, porque companheiros insurgentes e milicianos morreram em 1994. Essas companheiras são as que começaram a dizer: se nós saímos armados e morreram nossos companheiros, por que vamos agora a receber os restos, as esmolas, as migalhas que dá o governo, porque o que ele quer é nos comprar do mesmo jeito que está comprando os que não são zapatistas para que não sejam zapatistas.[81]

Em um estado com infraestruturas de saúde, educação, comunicação etc. muito precárias, e o abandono quase completo por parte do Estado — exceto nos períodos eleitorais, quando chovia dinheiro para compra de votos —, depois do levantamento os governos federal e estadual começaram a investir somas importantes em projetos assistenciais e de "desenvolvimento". Esses investimentos, porém, eram e continuam sendo parte de um programa sistemático de contrainsurgência. A construção de estradas e outras infraestruturas servem para garantir um maior acesso das forças armadas a territórios com forte presença zapatista. A construção de escolas, clínicas etc. é utilizada para dividir as comunidades e romper a resistência. Por exemplo, onde há uma clínica zapatista, o Estado constrói uma clínica maior, mesmo que não haja remédios ou médicos. Os projetos assistenciais também são utilizados para afastar as comunidades da resistência, para criar conflitos entre quem recebe os projetos e os zapatistas, e para dividir os próprios povos zapatistas. Nas comunidades perto dos caracóis, por exemplo, as casas de madeira dos zapatistas contrastam com as casas de alvenaria com o logotipo do governo estadual das famílias não zapatistas. Trata-se não apenas de dinheiro, mas de materiais de construção, insumos para projetos produtivos de criação de gado, *milpas* etc. Um exemplo contemporâneo dos projetos assistenciais como forma

81   Ibidem, p. 86-87.

108   4 Soberania econômica

de contrainsurgência é o projeto Sembrando Vida, do presidente "progressista" López Obrador. Com esse projeto, os camponeses recebem um pagamento mensal por plantar árvores madeireiras ou frutíferas. O que em teoria é uma iniciativa que fomenta a reflorestação serve, de fato, para dividir as comunidades e tem resultado em maior deflorestação. Primeiro, porque o projeto é dirigido às famílias individuais, sendo que as comunidades são regidas por uma lógica coletiva. Assim, o interesse individual começa a prevalecer sobre o interesse coletivo, fomentando sérias disputas ao interior das comunidades (em vez de Sembrando Vida, muitos chamam o projeto de Sembrando Envidia – semeando inveja). Segundo, porque a maioria das comunidades indígenas costuma manter uma parte do território como reserva natural. Muitos camponeses entendem que não faz sentido deixar de semear alimentos nas suas terras familiares para plantar árvores que só serão lucrativas depois de vários anos. Então, para receber o dinheiro, terminam desmatando as áreas de reserva. Por outro lado, esses apoios são condicionados à obediência, muitas vezes em prol da contrainsurgência. Como denunciado pelos zapatistas, a organização paramilitar ORCAO, que tem destruído escolas, armazéns, mercadinhos, roças e lares zapatistas, invadido terras e deslocando comunidades inteiras, financiam o armamento com dinheiro de Sembrando Vida.

Essa tática contrainsurgente do Estado tem funcionado até certo ponto, provocando muitas divisões e levando alguns zapatistas a abandonar a luta. Embora a autonomia tenha importantes vantagens econômicas (não se pagam impostos nem qualquer serviço público como luz elétrica, água etc.), os grandes esforços que mencionamos acima para desenvolver e manter a autonomia (os muitos trabalhos coletivos, o comprometimento como promotores e promotoras, autoridades autônomas, comissões e demais atividades, as muitas reuniões), somados ao constante assédio militar, paramilitar e narcoparamilitar e às carências materiais, fazem com que abandonar a luta e receber os apoios do governo, mesmo que sempre condicionados à submissão, se torne muito atrativo. Alguns, apesar de abandonarem a organização, permanecem fiéis aos seus princípios; outros, porém, se tornam opositores, contribuindo aos esforços contrainsurgentes do Estado, às vezes inclusive com violência extrema, como no caso dos paramilitares da organização CIOAC-Histórica, todos eles e elas ex-zapatistas, que assassinaram o companheiro Galeano em 2014. Houve, inclusive, ex-zapatistas

109 Alejandro Reyes

que criaram organizações como ORUGA e URPA, dedicadas a recrutar e dividir os zapatistas. Em um dos cadernos da Escolinha da Liberdade, um companheiro relata as tentativas por parte de um ex-insurgente de enviar uma carta a um dos Comandantes do CCRI oferecendo grandes somas de dinheiro por abandonar a organização e se unir à contrainsurgência, e mais ainda por convencer outros comandantes a abandonar a luta.[82]

Portanto, parte da sustentabilidade econômica envolve o que eles chamam de "resistência ideológica": um processo contínuo de conscientização e fortalecimento de uma identidade coletiva, que acontece através da educação autônoma, da orientação por parte do CCRI e dos mandos militares, das muitas reuniões e assembleias, dos encontros lúdicos, esportivos e artísticos, sobretudo para crianças e jovens, da Rádio Insurgente e das rádios comunitárias, do trabalho de divulgação dos Tercios Compas, dos muitos eventos públicos, das festas e celebrações.

Se, por um lado, depois do levantamento, a contrainsurgência em todas as suas expressões provocou conflitos e deserções, por outro, a recuperação de grandes extensões de terra permitiu ter as condições materiais necessárias para desenvolver a autonomia com muito mais força. Algumas das terras foram utilizadas para criar novas comunidades de *compas* sem-terra, sobretudo jovens, mas muitas delas foram reservadas para os trabalhos coletivos, utilizados para financiar as diversas áreas da autonomia. Com o tempo, organizaram-se trabalhos coletivos no nível das comunidades ou povoados, das regiões (cada qual com quarenta a cinquenta comunidades ou povoados), dos municípios (com três a cinco regiões) e das zonas (com três a sete municípios).

Para o sustento próprio, dependendo da região, as famílias cultivam milho, feijão, hortaliças, café, cana de açúcar, e/ou têm pequenos negócios como mercadinhos, criação de gado e galinhas, produção de artesanato etc.

O lucro dos trabalhos coletivos não é dividido entre os participantes para o seu próprio sustento, e é utilizado exclusivamente para financiar as diferentes áreas da autonomia. Os projetos geralmente têm coordenadores e uma diretiva coletiva que administra a sua operação, mas as decisões sempre são feitas de forma coletiva. Como dissemos, os trabalhos coletivos são organizados no

82 *Resistencia autónoma*, caderno da Escolinha da Liberdade, p. 42-43.

110   4 Soberania econômica

nível da comunidade, da região, do município (antes da sua extinção em finais de 2023) e da zona. Cada um desses níveis serve para financiar diferentes aspectos da autonomia. No nível da comunidade, ela sustenta sobretudo o transporte de promotores e promotoras de saúde e educação e de autoridades, insumos médicos e materiais didáticos, festividades e outras necessidades locais. Nos outros níveis, os trabalhos coletivos financiam o transporte e outras necessidades das autoridades, dos coordenadores e das comissões, equipamentos e medicamentos para as clínicas ou hospitais regionais ou de zona, materiais e manutenção das escolas de Ensino Médio e dos centros de formação de promotores e promotoras, veículos, construção de infraestruturas, equipamentos, operação e manutenção das rádios comunitárias, equipamentos para produção audiovisual e transporte dos Tercios Compas, mobilizações, festividades, ações coletivas de autodefesa etc., assim como para financiar novos projetos produtivos. Os trabalhos coletivos em todos os níveis incluem *milpas* e cultivos de feijão, criação de gado e galinhas, açougues, mercadinhos, cooperativas de transporte, padarias, coletivos de artesanato, oficinas de sapataria e ferraria, armazéns, pequenos restaurantes, *tortillerías*, cooperativas de café e cacau, além de outros negócios itinerantes e temporais, como venda de alimentos, café e artesanato durante os eventos organizados pelo EZLN, sempre a preços solidários (longe dos preços absurdos cobrados pela lógica capitalista a públicos cativos que não têm outra opção), mas com algum lucro.

Em algumas zonas, os armazéns têm contribuído muito para a autossustentabilidade, pois, por um lado, permitem o fornecimento dos mercadinhos zapatistas sem a participação de intermediários e sem ter de viajar longas distâncias, e por outro, mantêm os lucros dentro da organização.

Outra tática utilizada tem sido a eliminação dos intermediários (chamados de *coyotes*) para a venda de produtos como café, milho, pimenta, feijão ou gado, que são pagos aos camponeses por preços ínfimos para depois vendê-los a preços muito maiores. Com um sistema de transporte próprio, eles conseguem não só vender o produto diretamente sem intermediários a preços muito melhores, mas também competem pela distribuição local com os *coyotes*, elevando os preços pagos aos camponeses. Ou seja, os zapatistas pagam melhor, forçando assim os *coyotes* também a aumentar o preço pago pelo produto; então, havendo ainda margem de lucro, os zapatistas voltam

111 Alejandro Reyes

a aumentar o preço... Dessa forma, eles não só beneficiam a si mesmos, mas também a camponeses não zapatistas. Vale a pena observar que isso só é possível graças à organização coletiva e aos seus sistemas de autodefesa. Anos atrás, na serra zapoteca de Oaxaca, conversei com camponeses que enfrentavam grandes dificuldades econômicas por causa da queda dos preços do café. Quando perguntei por que não criavam uma cooperativa e compravam caminhões para evitar os *coyotes*, eles contaram que tinham tentado, mas que foram atacados com violência na estrada em várias ocasiões por pessoas contratadas pelos *coyotes*, o que os levou finalmente a desistir.

A comercialização de café é também um exemplo de criatividade e da importância das alianças. Diversas cooperativas em algumas zonas produzem e exportam café orgânico zapatista de alta qualidade, sobretudo para a Europa e, em menor medida, para os Estados Unidos, graças à colaboração de organizações de comércio solidário, que compram o café verde pagando preços superiores não apenas aos do mercado mundial, mas também aos do comércio justo, e o revendem, fazendo, ao mesmo tempo, um trabalho de conscientização e divulgação da luta zapatista e sua relação com a realidade local e criando vínculos com outras lutas locais e internacionais. Um exemplo disso é o Kaffeekollektiv Aroma Zapatista em Hamburgo, na Alemanha, que comercializa café zapatista do México e das comunidades indígenas organizadas do Cauca, na Colômbia.[83] Há, também, coletivos e organizações solidárias em vários países que organizam eventos de divulgação, protestos nas embaixadas e consulados mexicanos e outras mobilizações, e vendem produtos das cooperativas zapatistas como café e artesanato, pagando preços solidários.

Alguns projetos coletivos são financiados com fundos de organizações solidárias ou ONGs. Alguns desses projetos são muito interessantes pelo tipo de alianças criadas. Por exemplo, a produção de sapatos foi impulsionada desde a década de 1990 pelo mestre sapateiro Luis Arévalo, de Tepito, na Cidade do México. Tepito é um dos *barrios bravos* mais conhecidos da Cidade do México, espaço marginalizado com altas taxas de criminalidade, centro de comércio de todo tipo de artigos de pirataria e objetos roubados, mas também berço da cultura popular urbana. Arévalo, que cresceu em um cortiço do bairro, se aproximou do EZLN em 1995 quando foi convidado a participar nos diálogos de San Andrés,

83 Disponível em https://www.aroma-zapatista.de/espanol.

112   4 Soberania econômica

e depois disso começou a formar alguns zapatistas na arte da sapataria, e inclusive a conseguir e mandar equipamentos. A semente plantada por ele floresceu na forma de diversas oficinas de sapataria em todo o território zapatista.

Outros projetos financiados por organizações solidárias incluem construção de infraestrutura, projetos de energia elétrica, de água potável, construção de escolas e clínicas, aquisição de equipamentos, formação de promotores e capacitação para projetos produtivos.

Ao mesmo tempo, a longa experiência e os muitos problemas enfrentados no caminho levaram à consciência da importância de não criar nenhuma forma de dependência. Conta o Subcomandante Moisés que, em certos momentos, a dependência do financiamento através de ONGs resultou no enfraquecimento da educação e saúde autônomas, quando esses fundos deixavam de chegar. Por outro lado, com o tempo eles entenderam que, em muitos casos, a porcentagem dos fundos que de fato chegava às comunidades era mínimo, com a maior parte ficando para as próprias ONGs. A partir desse momento, eles começaram a exigir informações a esse respeito antes de aprovar os projetos, o que resultou em uma diminuição importante dessas fontes de financiamento. Isso os levou a priorizar ainda mais o trabalho coletivo como o principal mecanismo de soberania econômica.

Como relatamos no capítulo 3, uma iniciativa econômica importante são os "bancos" zapatistas: BANPAZ, BANAMAZ, BAC. Como dissemos, o primeiro deles, o BANPAZ, foi concebido originalmente para atender às necessidades das famílias com casos graves de saúde. Porém ele depois foi expandido para ajudar a financiar projetos produtivos, e posteriormente criou-se o BANAMAZ, especificamente para os coletivos de mulheres. Os juros cobrados por empréstimos para projetos produtivos são de 5% ao ano. A instituição dos bancos autônomos tem sido uma contribuição importante para a autonomia econômica.

Como vimos, os trabalhos coletivos são organizados, no máximo, no nível da zona. Ao longo dos anos, houve algumas tentativas de articulação interzona com fins da soberania econômica. A zona de Los Altos, pertencente ao Caracol de Oventic, enfrenta dificuldades particulares por falta de terra. A maioria das terras recuperadas está em outras zonas, mas nas montanhas, com uma densidade populacional muito maior, a falta de terras para trabalhos coletivos complica muito a autossustentabilidade. Inclusive, muitos zapatistas precisam trabalhar como peões parte do ano porque as terras individuais/familiares são muito pequenas. Nesse contexto, houve tentativas de comércio justo, por exemplo, com a zona de La Garrucha, que tem grandes extensões de terra recuperada. Nesse sentido, coletivos do Caracol de Oventic se organizaram para trabalhar terras recuperadas em outras zonas, emprestadas pelos outros caracóis. A partir de finais de 2023, uma nova fonte de soberania econômica são as terras "em comum", que beneficiam não só os próprios zapatistas, mas também, e sobretudo, outros indivíduos e grupos sem-terra, disseminando assim as práticas autonômicas além das fronteiras do próprio movimento. Sendo esta uma iniciativa relativamente recente, não temos ainda informações mais detalhadas sobre o funcionamento dessa nova tentativa de criar alternativas ao capitalismo na prática.

A soberania econômica não é isenta de problemas. Um deles, como no caso da zona de Los Altos, é a terra, a base material sem a qual a construção da autonomia é muito difícil. Outro, como também relatamos acima, é o grande esforço, consciência política e comprometimento requeridos para participar de tantas atividades coletivas sem um efeito direto na economia individual/familiar. Ao mesmo tempo, há os problemas inerentes ao individualismo e à desonestidade, aos quais os *compas* não são imunes. Conta o Subcomandante Moisés, por exemplo, que, nesses intercâmbios interzona que descrevemos acima, descobriu-se que os zapatistas de La Garrucha estavam vendendo milho podre ao Caracol de Oventic, oculto no fundo dos caminhões. Há também casos de resistência aos trabalhos coletivos e dificuldades derivadas de problemas pessoais e familiares, assim como falta de consciência política em algumas comunidades, o que faz com que uma média de 20% das comunidades não tenha trabalhos coletivos (sem os quais é quase impossível manter a educação e saúde autônomas, por exemplo). Também acontece que alguns projetos financiados por organizações externas não funcionam por falta de organização interna ou de capacitação.

Finalmente, é preciso enfrentar a sabotagem e os ataques externos por parte de comunidades afins ao governo, paramilitares e narcoparamilitares: destruição de escolas e clínicas, mercadinhos, armazéns, *milpas* e outros plantios coletivos, além da expulsão de comunidades inteiras, em um contexto ativo de contrainsurgência e guerra "de baixa intensidade", exacerbado, em anos recentes, pela reprodução de grupos armados vinculados ao crime organizado. Resistir a essas agressões de forma pacífica é extremamente complicado e requer muita criatividade. Esse é o tema do próximo capítulo.

Subcomandante Marcos, Homenagem a Galeano, Caracol de La Realidad, maio de 2014. Foto: Coletivos de mídia livre.

5
AUTODEFESA

O caminho é uma pequena trilha enlameada que sobe e desce uma colina, atravessa um riacho, sobe de novo entre o verdor do mato. De repente, no crepúsculo de cores impossíveis, aparece a pequena comunidade. *Milpas* de ambos os lados da trilha e, ao fundo, uma estrutura de madeira ainda em construção. É a comunidade 24 de Diciembre, assim chamada porque, em 24 de dezembro de 2006, ela foi fundada por camponeses zapatistas expulsos dessas mesmas terras mais de uma década antes.

A memória pulsa viva entre os povoadores dessa pequena comunidade, todos eles e elas zapatistas. Os anciãos e anciãs contam histórias da vida de semiescravidão nessas mesmas terras, quando elas pertenciam ao general Absalón Castellanos. Uma das companheiras conta que, em certo momento, os peões conseguiram negociar com o general a compra de uma parte das terras para poderem ser livres, por 11 mil barras de rapadura. "Mas quando o patrão viu que a gente estava prestes a poder pagar pela terra, queimou o trapiche onde se moía a rapadura."[84]

Em 1º de janeiro de 1994, o general foi pego pelos insurgentes zapatistas em uma das suas fazendas, permanecendo preso durante 46 dias antes de ser condenado a "viver até o último dos seus dias com a pena e a vergonha de ter recebido o perdão e a bondade daqueles a quem por tanto tempo humilhou, sequestrou, espoliou, roubou e assassinou". As terras do general foram recuperadas pelos

---

84 "Especial sobre la comunidad 24 de Diciembre", *Rádio Zapatista*, 23 ago. 2007, em https://radiozapatista.org/?p=836.

zapatistas, e os antigos peões começaram a construir sua autonomia em terras liberadas que agora lhes pertenciam.

Mas um ano depois, em 9 de fevereiro de 1995, o presidente Ernesto Zedillo traiu o acordo de cessar-fogo e enviou milhares de soldados para capturar ou matar a liderança zapatista. Os mandos militares e o CCRI foram mais rápidos e fugiram para regiões de muito difícil acesso na Selva Lacandona e a operação fracassou. Entretanto as comunidades zapatistas ao longo do caminho de Las Margaritas à selva fugiram para as montanhas, deixando para trás suas terras, suas casas e todos os seus pertences, temendo um massacre pelo exército. Contam os mais velhos que passaram uma semana nas montanhas, com a roupa do corpo, comendo ervas do mato, com as crianças desesperadas de fome. Depois foram acolhidos em uma comunidade zapatista por um tempo, até que a terra não deu mais e tiveram de migrar de novo. Assim ficaram mais de uma década, em terras emprestadas por outras comunidades zapatistas, até que, em dezembro de 2006, a Junta de Bom Governo considerou que podiam voltar ao antigo território. Entretanto suas casas, terras, animais e todos os seus pertences tinham sido pegos por camponeses da Unión de Ejidos de la Selva (UES), uma organização de cafeicultores pró-governo, que nesses anos receberam papéis de propriedade por parte do Estado. Além disso, o exército posicionou-se em uma parte das terras outrora recuperadas. Os zapatistas então ocuparam terras vizinhas para evitar conflitos e começaram a construir a comunidade e a plantar.

As ameaças começaram imediatamente, e um destacamento da polícia se estabeleceu do lado oposto ao quartel militar. Assim, os zapatistas ficaram cercados: por um lado, o exército; por outro, a polícia; e por outro, os camponeses hostis da UES.

Sete meses depois, 58 camponeses da UES entraram com violência para cortar um cafezal dos zapatistas e invadir o caminho deles. Os zapatistas consultaram com a Junta de Bom Governo e, alguns dias depois, uma delegação da JBG foi tentar dialogar com os opositores. Eles, no entanto, se negaram a conversar e ameaçaram enxotar a comunidade com violência. Dias depois, construíram casas no caminho que conduzia às *milpas* dos zapatistas e ocuparam outros milharais. De novo, a instrução da JBG foi evitar os conflitos e fazer outro caminho. Imediatamente, esse caminho também foi obstruído. Depois destruíram canaviais e ameaçaram

118   5 Autodefesa

atear fogo na comunidade. Começaram a cortar árvores e a levar a madeira, com ajuda da polícia, que a transportava em suas caminhonetes. A única fonte de água confiável, que não secava na temporada de seca, estava cercada pelo exército, que fornecia as comunidades hostis com mangueiras, mas negava acesso aos zapatistas. Como se não fosse o bastante, os soldados ainda defecavam nas poucas fontes de água disponíveis aos zapatistas.

Apesar das agressões e ameaças, a decisão foi continuar resistindo, porém sempre de forma pacífica, pois era evidente que as provocações tinham o propósito de forçar os zapatistas a reagir e, assim, justificar a intervenção da polícia e do exército. Os *compas* da comunidade, com justa razão, começavam a perder a paciência e queriam revidar. Então, a JBG decidiu enviar uma centena de companheiros de outras comunidades, que se revezavam em turnos de uma semana para proteger a comunidade dia e noite, sem armas; ao mesmo tempo, os moradores da comunidade, que tinham muita raiva e que podiam muito facilmente perder o controle, foram instruídos a evitar qualquer contato com os agressores. Assim ficaram durante nove meses, com a guarda rotativa de companheiros de outras comunidades, resistindo com firmeza, porém de forma pacífica, as agressões e ameaças armadas. Enquanto os agressores chegavam com armas atirando para o alto, a guarda zapatista se mantinha firme, sem recuar, mas também sem agredir.

Enquanto isso, as denúncias públicas da Junta de Bom Governo, a cobertura midiática por parte de jornalistas comprometidos da mídia comercial e da mídia livre e um relatório da organização CAPISE, com sede em San Cristóbal, inspiraram um movimento nacional e internacional por parte de indivíduos e organizações solidárias, de boicote às filiais do Café de la Selva, que comercializam o café produzido pela UES em várias cidades do México e em alguns países da Europa. Em 2002, a UES tinha recebido o prêmio New Ventures do World Resource Institute por ser, segundo eles, "uma das propostas de negócios com responsabilidade social e ecológica mais sólidas de toda a América". As ações diretas e informativas de diversos tipos em várias cidades do México e da Europa começaram a ter um efeito midiático relativamente importante, e o boicote começou a afetar não apenas as finanças da UES, mas também sua reputação internacional.

Perante a pressão, finalmente, o governo e a UES desistiram. A UES desmantelou as casas que tinha construído nas terras zapatistas e os invasores se retiraram. Em maio de 2008, os zapatistas

119 Alejandro Reyes

declararam o fim do boicote e a clausura do acampamento de observadores de direitos humanos que acompanharam todo o processo desde o início. Quando, três anos depois, visitei a comunidade junto com uma delegação de jovens militantes chicanos dos Estados Unidos, a nova escola autônoma já estava pronta e a autonomia florescia. Há muitos outros casos que servem de exemplo da resistência pacífica a ameaças e agressões armadas, sejam de organizações opositoras ou paramilitares, sejam do exército. Em agosto de 1999, o exército tentou destruir a comunidade de Amador Hernandez, na Selva Lacandona. As mulheres os enfrentaram armadas apenas com paus e conseguiram enxotá-los (um massacre de mulheres indígenas desarmadas por parte do exército teria sido uma notícia pouco saudável para a imagem internacional do Estado mexicano). Mas o exército se estabeleceu em um espaço fora da comunidade. Então, os zapatistas criaram um plantão permanente, organizando danças, cultos religiosos e falas de conscientização política dirigidas aos soldados. Como resposta, os mandos do exército colocaram grandes caixas de som para abafar as vozes zapatistas. Foi aí que o EZLN acionou a "Força Aérea Zapatista": uma enxurrada de aviõezinhos de papel voando sobre a cerca com mensagens para os soldados — com uma importante repercussão midiática. "Aviõezinhos de papel vs. *Carmen de Bizet*", escreveu o jornalista Hermann Bellinghausen na época.[85]

A resistência zapatista às agressões militares, policiais e paramilitares é, portanto, uma complexa combinação de diversas estratégias, sempre dependendo do contexto específico.

Por um lado, a distensão: a tentativa de resolver os problemas com o diálogo e a negociação. Em muitas ocasiões, no intuito de evitar conflitos com outras comunidades indígenas, os zapatistas inclusive cedem uma parte das terras recuperadas em 1994 quando são disputadas por outras comunidades ou organizações, para manter a harmonia entre "irmãos".

Quando isso não funciona — geralmente porque os opositores são instigados por instituições do Estado, antigos proprietários, empresas, grupos do crime organizado ou vários deles ao mesmo tempo —, é preciso um cálculo estratégico: defender ou recuar.

Quando não há condições para a defesa perante agressões militares, policiais, paramilitares ou narcoparamilitares, opta-se pela

---

85 "La 'fuerza aérea zapatista' *atacó* al Ejército en el valle de Amador", *La Jornada*, 4 jan. 2000, em https://www.jornada.com.mx/2000/01/04/protesta.html.

120   5 Autodefesa

retirada. Ao longo das últimas três décadas, tem havido muitos casos de deslocamento de comunidades inteiras em momentos de conflito, como vimos acima no caso da comunidade 24 de Diciembre e de todas as outras no caminho da selva em 1995, as sedes dos municípios autônomos destruídas em 1998, os milhares de pessoas deslocadas na década de 1990 na região de Los Altos por grupos paramilitares apoiados pelo exército, e as muitas comunidades deslocadas agora, sobretudo na região fronteiriça, devido à guerra do crime organizado. Como vimos também no caso de 24 de Diciembre, a organização zapatista não abandona as pessoas deslocadas, acolhendo-as em outras terras e apoiando-as materialmente, às vezes com a ajuda da solidariedade nacional e internacional.

Muitas vezes, quando as condições permitem, depois da retirada, vem a reconstrução de tudo aquilo que foi destruído. Em 1998, bases de apoio de muitas comunidades se juntaram para construir em coletivo as sedes dos municípios autônomos. Porém, assim que elas foram inauguradas, o governo enviou militares e policiais, em alguns casos acompanhados de paramilitares, para destruir as sedes, construídas com tanto esforço. Todas as estruturas foram destruídas e os policiais queimaram tudo. Centenas de zapatistas foram agredidos e encarcerados, casas foram invadidas, pertences roubados. Numa comunidade, sete jovens foram sequestrados e assassinados pelo exército. Em outras comunidades, vários homens foram assassinados a tiros enquanto fugiam, na tentativa de se refugiar nas montanhas.

Entretanto os zapatistas não desanimaram. Reuniram-se para discutir o acontecido e pensar em coletivo o que fazer. A decisão foi procurar outros lugares para reconstruir as sedes. Nessas novas sedes, começaram a funcionar as primeiras estruturas do governo autônomo — os Conselhos Municipais —, e a autonomia deu um pulo qualitativo. A mensagem foi clara: não há forma de destruir a autonomia; nós reconstruiremos tudo que vocês destruírem.

Um dos locais destruídos naquela incursão militar e policial foi o da comunidade de Taniperla, na Selva Lacandona, que seria a sede do município autônomo Ricardo Flores Magón. Ali, jovens artistas zapatistas, orientados pelo professor solidário Checo Valdez, que desenvolvera uma metodologia de "pintura mural comunitária participativa", pintaram o extraordinário mural "Vida y sueños de la cañada Perla", mas conhecido como o "Mural de Taniperla", na fachada da estrutura que seria a sede do Conselho Municipal. No dia seguinte, o exército destruiu a sede e o mural e prendeu o

121 Alejandro Reyes

professor pelo crime de ter participado na criação da obra, junto com vários zapatistas. Doze observadores internacionais foram presos e expulsos do país. A tentativa de silenciar a insurgência, porém, não funcionou. O mural, que tinha sido fotografado, terminou viralizando pelo mundo, se tornando um dos murais mais reproduzidos da história, com mais de cinquenta reproduções em mais de vinte países, inclusive no Brasil, em uma ação coletiva com o MST.[86]

Outro exemplo da insistência na reconstrução foi o acontecido em La Realidad depois do ataque paramilitar de 2014, quando o companheiro Galeano foi assassinado. Naquele ataque, a clínica e a escola autônomas foram destruídas. Em assembleia, a proposta inicial foi reconstruí-las no mesmo local. Porém decidiram fazê-lo em outro espaço, mais visível, escolhido especificamente para isso, e deixar as ruínas da antiga escola e clínica do jeito que estavam. Os filhos dos paramilitares, refletiram, perguntarão aos pais o que aconteceu nesse lugar, e eles terão de passar a vergonha de explicar o que eles fizeram. A nova estrutura, construída e equipada com fundos doados pela solidariedade nacional e internacional, é um belo prédio de dois andares, com a clínica no térreo e a escola no andar superior, tudo coberto com pinturas murais: o companheiro Galeano, o Subcomandante Pedro, Che Guevara, Zapata, os Subcomandantes Moisés e Galeano, promotoras e promotores de educação e saúde.

Naquela ocasião, a função dissuasiva das armas ficou evidente. Como relatamos, os Subcomandantes, outros mandos e insurgentes do EZLN, armados em público pela primeira vez em dez anos, chegaram a La Realidad para garantir a segurança, e lá ficaram durante um tempo. Nos meses que se seguiram, houve muita tensão — e muita tristeza, pois os atacantes eram todos ex-zapatistas e até, em muitos casos, parentes dos *compas* —, com provocações constantes por parte dos agressores. Porém não houve mais ataques, pois o recado por parte do EZLN tinha sido claro.

Essa função dissuasiva das armas também foi evidente no 25º aniversário do levantamento, em 31 de dezembro de 2018 e 1º de janeiro de 2019, no caracol de La Realidad. Aquele aniversário foi dedicado ao Subcomandante Insurgente Pedro, um dos seis guerrilheiros que fundaram o EZLN em novembro de 1983. Muito querido pelas comunidades, o Subcomandante Pedro caiu em combate

---

86 Ver o belo texto de Lúcia Skromov, disponível em https://studylib.es/doc/354226/20-a%-C3%B1os-de-mst-y-ezln---el-mural-m%C3%A1gico.-taniperla.

122   5 Autodefesa

em 1º de janeiro de 1994, e até hoje é referência de luta, sabedoria e coragem entre os zapatistas.

O aniversário aconteceu no contexto da recém-inaugurada presidência de Andrés Manuel López Obrador (AMLO), em 1º de dezembro de 2018. Com um discurso populista de esquerda, ele foi inicialmente comparado por muitos com Lula. Ele foi candidato à presidência em 2006 e 2012, perdendo, em ambas as ocasiões, em eleições manipuladas e repletas de irregularidades. Em 2018, porém, ele ganhou com um extraordinário apoio popular (mais de 30 milhões de votos, comparado com 12,6 milhões para Ricardo Anaya, candidato de direita, que ficou em segundo lugar).

Durante mais de um ano, os zapatistas alertaram sobre o perigo que significaria a eleição de AMLO para o país. Segundo a análise zapatista (e do Congresso Nacional Indígena), por trás do discurso de esquerda e antineoliberal, escondia-se um projeto neoliberal, extrativista, violentamente capitalista, cujo principal eixo são os tão promovidos megaprojetos de "desenvolvimento", como o mal denominado "Trem Maia" (um trem que percorre todo o território maia, com graves impactos ambientais e sociais para os povos indígenas — maias — e camponeses em toda a região, pois o projeto inclui grandes desenvolvimentos turísticos, comerciais e industriais ao longo da ferrovia, em um território com culturas milenares e um sistema ecológico tão rico quanto frágil); o Corredor Transístmico (outro empreendimento ferroviário, portuário e industrial, que pretende atravessar o Istmo de Tehuantepec (a parte mais estreita do México), com o intuito de suplantar o Canal do Panamá, também com graves impactos ambientais e sociais), e outros como o Projeto Integral Morelos (projeto de produção energética impulsionado pelos dois presidentes anteriores e empresas transnacionais, que enfrenta muita resistência pelos graves impactos também ambientais e sociais). Considerando que os mais afetados pelos megaprojetos são os povos indígenas e camponeses, e sendo o zapatismo um dos principais eixos da resistência, o EZLN via com muita preocupação o apoio massivo de boa parte da população ao governo de AMLO, prevendo um aumento importante da militarização, da paramilitarização e da repressão nos seus territórios — em um momento em que, à diferença de 1994, o EZLN não contava com o apoio popular de outrora, nem mesmo da esquerda, boa parte dela deslumbrada pelo entusiasmo por um governo supostamente de esquerda. Essas preocupações têm se tornado realidade nesses anos, como evidenciam os muitos assassinatos de ativistas e defensores da terra e do território no país, os muitos ataques paramilitares contra os povos zapatistas, a expansão assustadora da narcoparamilitarização, uma militarização do país nunca vista no México e a violência e decomposição social vivida em todo o estado de Chiapas e em outros estados.[87]

No evento em La Realidad, naquele 31 de dezembro, o Subcomandante Moisés fez um discurso muito duro dirigido aos próprios zapatistas, que começou dizendo: "Chegou a hora para nós, os povos zapatistas, e vemos que estamos sós".

25º aniversário do levantamento zapatista, Caracol de La Realidad, dezembro de 2018.

Naquela tarde, uma demonstração de força ficaria indelével na memória de quem teve o privilégio de presenciá-la. Primeiro, um pequeno esquadrão de quinze motocicletas. Depois, o Subcomandante Moisés, vários Comandantes e Comandantas e insurgentes e insurgentas a cavalo, se apresentando na grande praça e se colocando

---

[87] Ver o comunicado de setembro de 2021 do EZLN, "Chiapas à beira da guerra civil", em https://enlacezapatista.ezln.org.mx/2021/09/19/chiapas-a-beira-da-guerra-civil/, no qual a Comandância Geral alerta sobre uma possível guerra civil no estado. Ver também a reportagem de autoria de um grupo de mulheres da mídia livre para Rádio Zapatista, "¡Alto a la guerra em Chiapas!", também de setembro de 2021, em https://radiozapatista.org/?p=39622, com uma descrição pormenorizada dos ataques paramilitares e da violência narcoparamilitar no estado de Chiapas em tempos recentes.

124   5 Autodefesa

a um lado. Então, de repente, começamos a escutar o som ritmado de milhares de cassetetes se aproximando ao caracol. Uma procissão de milicianos e insurgentes que parecia não ter fim, marchando ao ritmo dos cassetetes, coordenados pelo Subcomandante Galeano, foi entrando pelo portão e preenchendo aos poucos o imenso espaço. Cinco mil tropas pertencentes à 21ª Divisão de Infantaria Zapatista, a mesma que há 25 anos tomara sete cidades de Chiapas, agora reforçada com membros da segunda e da terceira geração, que em 1994 eram crianças ou não tinham nascido. Uma extraordinária demonstração de disciplina e organização, e uma mensagem muito clara: não esqueçam que somos um exército e que, embora nossa luta seja pacífica, podemos e vamos nos defender se formos agredidos.

Ao mesmo tempo, a estratégia de comunicação também é de grande importância. Trata-se de elevar os custos políticos das agressões, de forma que se tornem politicamente impraticáveis. O caso de La Realidad é um claro exemplo disso. Logo depois do ataque paramilitar, a mídia comercial cobriu o acontecido como um "enfrentamento" entre zapatistas e não zapatistas, e não como um violento ataque paramilitar. O correspondente do *La Jornada*, jornal "de esquerda" outrora próximo ao zapatismo, mas cuja fonte principal de financiamento era na época e ainda é o *lopezobradorismo*, chegou ao extremo de entrevistar unicamente os paramilitares e publicar sua versão. Trata-se de uma tática comum que, por um lado, minimiza as ações violentas de grupos afins ao governo e, por outro, prepara o terreno para uma possível intervenção "pacificadora" militar ou policial. A resposta do EZLN foi contundente: cortar todos os vínculos com a mídia comercial, que foi proibida de estar presente na homenagem ao companheiro. Portanto, o evento foi coberto exclusivamente pela mídia livre — um evento de grande repercussão midiática, pois nele se anunciou a "morte de Marcos". Com antecedência, o EZLN tinha espalhado o rumor de que Marcos estava doente de câncer e estava morrendo. "A única coisa que precisamos fazer", disse o recém-nascido Subcomandante Galeano pouco tempo depois em uma conferência de imprensa com a mídia livre, também em La Realidad, "foi falar para algumas pessoas: 'Vou te contar uma coisa, mas não conte pra ninguém', para conseguir que o rumor se espalhasse". Portanto, a "morte de Marcos" era notícia de grande repercussão. O resultado foi que, durante os dois dias da homenagem, a grande mídia, ávida de notícias, começou a "roubar" — sem citar as fontes — as poucas informações que os coletivos de mídia livre conseguiam divulgar com a muito precária conexão de internet disponível no caracol. Isso, somado às denúncias assinadas por intelectuais e personalidades de muitas partes do mundo e as ações informativas e de protesto por parte de coletivos e organizações de muitas geografias, fizeram com que se visibilizasse o caráter paramilitar da CIOAC-Histórica, desmontando assim a narrativa de "conflito entre indígenas", e que o custo de qualquer outra ação subsequente contra os zapatistas fosse muito alto.

A estratégia de comunicação do EZLN mudou muito ao longo dos anos, se adaptando às diferentes conjunturas. Nos primeiros anos, as ações do EZLN e os comunicados assinados pelo Subcomandante Marcos, replicados pela grande mídia, tiveram um grande efeito midiático. Depois do ano 2000, quando a "ditadura perfeita" do PRI chegou ao seu fim com a vitória eleitoral do Partido de Ação Nacional (PAN), o zapatismo perdeu ibope, "passou de moda", e a cobertura pela grande mídia diminuiu consideravelmente. A fase da construção silenciosa da autonomia e, depois, as mudanças estratégicas decorrentes da Sexta Declaração da Selva Lacandona mudaram o foco da comunicação zapatista para os parceiros mais próximos: os coletivos, indivíduos, povos e organizações aderentes à Sexta Declaração e outros aliados. Em 2014, dois meses e meio depois da homenagem ao companheiro Galeano, realizou-se um encontro do Congresso Nacional Indígena, também em La Realidad. No dia seguinte a esse encontro, o EZLN organizou uma conferência de imprensa com os muitos coletivos de mídia livre presentes naquele momento. Nessa conferência, o Subcomandante Galeano fez uma análise da situação atual da mídia e da crise de comunicação global. Na sua análise, a chegada da internet fez com que os lucros da mídia comercial não viessem mais das vendas diretas, mas da publicidade. Isso faz com que as políticas editoriais da mídia comercial sejam orientadas pelos interesses de quem financia os jornais, sobretudo do Estado, que é quem mais paga pela publicidade. E isso leva a uma situação na qual não apenas a informação é uma mercadoria, mas também, e sobretudo, o silêncio. Não divulgar certas informações ou análises se torna assim lucrativo. E nesse processo, o que mais eloquentemente fica de fora das coberturas midiáticas é a análise profunda e um jornalismo de investigação sério.[88] Perante essa situação, o EZLN decidiu mudar

---

88   A análise do Subcomandante Galeano está disponível em áudio, vídeo e texto em https://radiozapatista.org/?p=10441.

126 5 Autodefesa

o alvo da sua estratégia de comunicação, dando as costas à grande mídia e focando agora na "mídia livre, autônoma, alternativa ou como quer que se chame". Naquele momento, isso deu um impulso importante à articulação da mídia livre no país.

Em termos da estratégia comunicativa em contextos de agressões e ameaças, além das coberturas e investigações da mídia livre, uma das opções são as denúncias das Juntas de Bom Governo, publicadas no site Enlace Zapatista e replicadas e multiplicadas pela mídia livre e, de forma bastante limitada, pela mídia comercial. Em casos mais graves, a comunicação vem diretamente do Comitê Clandestino Revolucionário Indígena – Comandância Geral do EZLN, em voz dos subcomandantes. Em 2021, por exemplo, perante as brutais agressões da organização paramilitar ORCAO contra as comunidades zapatistas — justamente no momento da partida da delegação aérea zapatista à Europa —, dos conflitos entre os cartéis do crime organizado, da reprodução de grupos armados em todo o estado, do surgimento de grupos armados de autodefesa, o EZLN alertou que Chiapas estava à beira de uma guerra civil (guerra essa que hoje já está presente em toda a geografia do estado), em um comunicado assinado pelo Subcomandante Galeano, que na época teve muita repercussão midiática.[89] Agora, em outubro de 2024, quando o EZLN se preparava para uma série de encontros artísticos, científicos e de análise sobre "A Tormenta e o Dia Depois", que aconteceriam ao longo de um ano, começando em dezembro de 2024, moradores de uma comunidade não zapatista, instigados pelos governos municipal e estadual e em aliança com o crime organizado, começaram a agredir a comunidade zapatista 6 de Octubre, que seria uma das sedes dos encontros, com a intenção de expulsar os zapatistas das suas terras. Em resposta, o EZLN publicou uma denúncia do CCRI-CG em voz do Subcomandante Moisés, denunciando as agressões, interrompendo toda comunicação sobre os encontros e anunciando que possivelmente seriam cancelados. Até o momento, não temos mais informações sobre o desenvolvimento da situação. Porém o que o comunicado deixou muito claro foi a intenção do Estado de provocar conflitos entre as comunidades para destruir o zapatismo e suas alianças com o crime organizado.

Em outros momentos, organizações solidárias ou centros de direitos humanos são convidados para documentar a situação e

---

89 "Chiapas à beira de uma guerra civil", *Enlace Zapatista*, 19 set. 2021, em https://enlacezapatista.ezln.org.mx/2021/09/19/chiapas-a-beira-da-guerra-civil/.

divulgar relatórios, que são igualmente reproduzidos pela mídia livre. Essa tem sido a estratégia (com exceção do comunicado "Chiapas à beira da guerra civil" assinado pelo Subcomandante Galeano) para confrontar os muitos ataques em anos recentes cometidos pelo braço paramilitar da organização ORCAO, denunciados sobretudo pela Red Ajmaq, uma "rede de resistência e rebeldia" composta por indivíduos e coletivos afins ao zapatismo em San Cristóbal de Las Casas. As redes de resistência e rebeldia foram criadas em dezembro de 2018 em um encontro de vários dias na comunidade de Guadalupe Tepeyac, na Selva Lacandona, com coletivos, organizações e indivíduos solidários ao zapatismo, a Comandância zapatista e membros do Congresso Nacional Indígena. Nesse encontro, analisou-se a situação do país e se conformaram as redes de resistência e rebeldia para fortalecer a luta nacional.

As alianças externas são, portanto, muito importantes. Organizações de direitos humanos como o Centro de Direitos Humanos Fray Bartolomé de Las Casas (Frayba) transmitem as denúncias às instâncias correspondentes do Estado e/ou a organismos internacionais, como a Corte Interamericana de Direitos Humanos, aumentando a pressão. Além disso o Frayba também organiza Brigadas Civis de Observação (BriCOs), nas quais, depois de um período de informação e capacitação, observadores nacionais e internacionais passam períodos de duas ou mais semanas em locais de conflito. As BriCOs têm duas funções primordiais. Por um lado, a presença de observadores nacionais e internacionais representa uma força dissuasiva contra possíveis agressões. Por outro lado, os observadores documentam as ameaças, agressões e qualquer outra situação de conflito, criando relatórios que eles e elas difundem nos seus lugares de origem e que servem de insumo para denúncias públicas e notas informativas da mídia livre parceira. Há, também, momentos em que se organizam caravanas de observação solidárias a territórios em conflito, que conseguem visibilizar a situação e aumentar o seu custo político. Além disso, organizações, coletivos e indivíduos afins nacionais e internacionais também pressionam com atos informativos e uma grande diversidade de ações diretas frente a consulados, embaixadas e organismos governamentais.

Em termos de defesa direta, as respostas variam conforme a situação. Quando as condições o permitem, a opção é pela resistência pacífica. Evitar conflitos, mas não recuar; se manter firmes apesar de todas as agressões. Ou seja, "resistência e rebeldia".

128   5 Autodefesa

Nas palavras do Subcomandante Moisés, "resistência é ficar forte, duro, para responder a tudo, qualquer ataque do inimigo, do sistema; e rebelde é ser bravo, brava, para da mesma forma responder ou fazer as ações, o que precisarmos fazer".[90] Em muitos casos, a disciplina, a organização e a paciência zapatista, como no conflito em 24 de Diciembre descrito acima, conseguem frear as agressões.

Anos atrás, os zapatistas administravam um balneário em terras recuperadas, muito perto das cachoeiras de Agua Azul, um território muito disputado, onde o governo pretendia construir um grande desenvolvimento turístico que os zapatistas se negavam a permitir. Perante isso, o governo armou a muito violenta organização paramilitar OPDDIC, que atacava constantemente as comunidades zapatistas da região. A entrada ao balneário zapatista de Agua Clara passava por comunidades opositoras. Em uma ocasião, acompanhei com alguns outros jornalistas uma caravana de solidários europeus ao balneário. Nós, jornalistas, chegamos cedo, mas o ônibus dos solidários ainda demorava. Enquanto isso, um *compa* nos mostrava a *milpa* coletiva. De repente, ele recebeu uma comunicação em tseltal pela rádio, que não entendemos. "O que foi?", perguntei quando terminou de falar. "Um probleminha, a gente resolve", respondeu, pediu licença e saiu andando. Depois soubemos que o ônibus tinha sido detido por pessoas da comunidade vizinha, que se recusavam a deixá-lo passar. Em menos de quinze minutos, mais de sessenta zapatistas armados com facões chegaram ao local onde o ônibus estava detido e os solidários foram imediatamente liberados.

Assim, com organização, com o número de pessoas que os zapatistas conseguem mobilizar em pouco tempo, com o aproveitamento do fator surpresa, muitas vezes conseguem frear as agressões e defender o território. Se quarenta pessoas armadas enxotam uma comunidade, quatrocentos zapatistas sem armas de fogo aparecem no momento menos esperado e recuperam o território.

Diz o Subcomandante Moisés que há duas coisas que é preciso combater internamente no processo da autodefesa: a raiva e o medo. "Somos milhares que usamos essa arma da resistência, mas somos milhares também aos quais isso pode virar raiva, então, como controlar isso?" Ele conta então que, um tempo atrás, um grupo estava ocupando terras recuperadas pelos zapatistas em 1994, mas que o EZLN decidiu os deixar tranquilos. Aquele grupo, porém, começou

---

90 EZLN, *El pensamiento crítico frente a la hidra capitalista*, v. I, p. 138.

a dialogar com o governo para obter os documentos legais não apenas das terras que já ocupavam, mas também das que estavam nas mãos dos zapatistas. Com o apoio do governo, começaram a agredir a comunidade. Mataram um cavalo, destruíram casas, invadiram terras. Os companheiros bases de apoio ficaram irados. "Eles são uns sessenta, basta chegarmos seiscentos armados e acabamos com eles", propuseram. Mas a Comandância não deixou. "Se vocês fizerem isso, prejudicarão a organização inteira." A decisão foi enviar seiscentos zapatistas, como proposto, mas sem armas, e nesse grupo não iriam aqueles que estavam com muita raiva nem os que estavam com medo. Os seiscentos iriam trabalhar a terra, construir casas, defender a comunidade apenas com o corpo e a organização coletiva.

Outro exemplo descrito pelo Subcomandante Moisés é de quando o exército traiu o cessar-fogo e tentou prender ou matar a comandância zapatista. A decisão foi não responder militarmente, embora as emboscadas no caminho para a selva já estivessem preparadas. No momento, a decisão foi evitar a morte de ambos os lados. Só uma das emboscadas foi autorizada, justamente nas terras que na época pertenciam aos habitantes da atual comunidade 24 de Diciembre; nessa emboscada, caiu o tenente coronel Monterola do exército mexicano.

Na conferência de imprensa com a mídia livre que comentei acima, o Subcomandante Galeano relatou a raiva muito difícil de conter depois do assassinato do companheiro Galeano. Quando foram buscar o cadáver, os assassinos gritavam rindo, se vangloriando da brutalidade com que ele havia sido assassinado (golpes, pauladas, facões e tiros), e depois chegavam até a porta do caracol para continuar provocando com risadas e gritos. Manter a calma nesses momentos para evitar um massacre, sobretudo quando se tem superioridade de combate, é extremamente difícil e requer muita consciência e organização.

Finalmente, é importante ressaltar o papel das mulheres na autodefesa. Duas imagens do fotógrafo Pedro Valtierra se tornaram icônicas da força da resistência das mulheres indígenas de Chiapas perante as agressões militares. Uma delas, a mais famosa, foi tirada poucos dias depois do massacre de Acteal no acampamento X'Oyeb, onde se refugiavam centenas de indígenas deslocados pela violência paramilitar, e que o exército pretendia desmontar. Lá, mulheres rodearam o exército e o enfrentaram apenas com seus próprios corpos, forçando os militares a desistir. Elas não eram zapatistas, eram simpatizantes, mas a imagem tornou-se icônica da capacidade de resistência e da coragem das mulheres indígenas organizadas. A outra foto é de janeiro de 1998, quando mulheres e crianças zapatistas tseltales, armadas apenas com paus, fecharam o caminho que conduzia à comunidade de Yalchilptic, exigindo a retirada do exército. Em muitas ações de autodefesa, são as mulheres que estão na primeira fila. Na comunidade de Morelia, ao lado do Caracol de Morelia, eram sempre as mulheres as que enfrentavam o exército. A mesma coisa aconteceu em Nueva Esperanza, ocupada pelo exército durante alguns dias. De novo, foram as mulheres que conseguiram enxotá-lo. Na década de 1990, quando a repressão militar era muito forte e havia muitos controles militares nos caminhos, a comunicação entre as zonas e entre os próprios municípios autônomos era muito difícil. "Como passar nossos documentos, nossos planos de trabalho, pelos controles [militares]? As companheiras tiveram de nos ajudar, porque elas não eram revistadas, então elas participaram muito", disse Manuel, ex-membro do Conselho Autônomo.[91]

Acampamento Xoyep, Chiapas, 3 de janeiro de 1998. Foto: Pedro Valtierra, Cuartoscuro.

---

91 *Resistencia Autónoma*, caderno da Escolinha da Liberdade, p. 68.

131 Alejandro Reyes

No próximo capítulo, analisaremos o papel revolucionário da mulher no interior do próprio zapatismo.

Antes disso, porém, um breve comentário sobre a situação atual em Chiapas e o grande desafio que isso representa para a autodefesa. Como explicamos no capítulo 1, vive-se hoje uma situação de guerra no estado, derivada dos conflitos entre os cartéis do crime organizado e outros grupos armados, da militarização cúmplice com diversos grupos do crime, da impunidade generalizada e da grande presença de armas em todo o território. Nesse contexto, há uma grande reorganização interna em curso para enfrentar a violência e proteger as comunidades. Pouco se sabe ainda sobre essa reorganização. O silêncio e o fechamento dos caracóis, que continuam existindo mas que não estão abertos ao público, são indicativos de um processo de recomposição interna, que inclui as duas grandes mudanças divulgadas em finais de 2023: as transformações das estruturas do governo autônomo e a criação de terras do "comum" ou "não propriedade". Essas mudanças permitem, entre outras coisas, criar alianças entre zapatistas e não zapatistas que enfrentam um inimigo maior: o crime organizado, os diversos grupos armados, o exército e os narcoparamilitares. Ao mesmo tempo, sabemos que há uma mudança importante na estrutura militar do EZLN, embora não haja nenhuma informação específica ao respeito, além do comunicado pelo Subcomandante Moisés:

> Reorganizamos a estrutura e disposição do EZLN de modo a aumentar a defesa e segurança das comunidades e da mãe terra em caso de agressões, ataques, epidemias, invasão de empresas predatórias da natureza, ocupações militares parciais ou totais, catástrofes naturais e guerras nucleares. Preparamo-nos para que nossos povos sobrevivam, mesmo isolados uns dos outros.[92]

---

92 "Nona parte: a nova estrutura da Autonomia Zapatista", *Enlace Zapatista*, nov. 2023, em https://enlacezapatista.ezln.org.mx/2023/11/13/nona-parte-a-nova-estrutura-da-autonomia-zapatista/.

25º aniversário do levantamento zapatista, Caracol de La Realidad, dezembro de 2018. Foto: Rádio Zapatista.

6
O PAPEL DA MULHER

Se alguma vez pedissem a mim,
sombra fantasmal de nariz impertinente,
que definisse o objetivo do Zapatismo, diria:
"criar um mundo onde a mulher nasça e
cresça sem medo".

— Subcomandante Insurgente Galeano

De repente, o imenso espaço ficou escuro, e os milhares de mulheres ali reunidas puderam ver sobre suas cabeças o céu esplêndido cintilante de estrelas. Então, mais de 2 mil velas se acenderam nas mãos das mulheres bases de apoio, autoridades civis, insurgentas e comandantas do Exército Zapatista de Liberação Nacional.

Era o "Primeiro Encontro Internacional, Político, Artístico, Desportivo e Cultural de Mulheres que Lutam". Era 8 de março, Dia da Mulher, especificamente da mulher que luta, nesse espaço oferecido com tanta generosidade pelas mulheres zapatistas que, durante meses, se prepararam em reuniões e assembleias, aprendendo a fazer coisas que nunca tinham feito, providenciando alimentação e hospedagem para as seiscentas mulheres que imaginavam que chegariam (chegaram quase 6 mil), realizando um trabalho imenso de logística sem a participação de nenhum homem. Um espaço seguro, só de mulheres, resguardado pelas insurgentas e milicianas encarregadas da segurança, para compartilhar histórias de dor e violência, de perda, de abuso, de indignação, mas também de resistência e dignidade. Poesia, dança, exposições as mais diversas, oficinas de todo o tipo, testemunhos do que significa ser mulher num mundo de violência machista e patriarcal.

O encontro aconteceu no Sementeiro Comandanta Ramona, pertencente ao Caracol de Morelia Turbilhão das Nossas Palavras, a quatro horas de San Cristóbal, emoldurado pela floresta verdejante, construído, como dissemos, numa velocidade impressionante em apenas dois meses no ano anterior com trabalho voluntário e recursos próprios das cooperativas.

Três dias depois, em 11 de março, durante o fechamento do encontro, falando em nome de todas as mulheres zapatistas, a companheira Alejandra disse:

> Nesse dia 8 de março, depois da nossa participação, cada uma de nós ascendeu uma pequena luz.
> Essa pequena luz é para você.
> Leve-a, irmã e companheira.
> Quando se sentir sozinha, quando tiver medo, quando sentir que é muito dura a luta, ou seja, a vida, acenda-a de novo em seu coração, em seu pensamento.
> E não fique com ela, companheira e irmã.
> Leve-a às desaparecidas.
> Leve-a às assassinadas.
> Leve-a às presas.
> Leve-a às estupradas.
> Leve-a às golpeadas.
> Leve-a às assediadas.
> Leve-a às violentadas de todas as formas.
> Leve-a às migrantes.
> Leve-a às exploradas.
> Leve-a às mortas.
> Leve-a e diga a todas e cada uma delas que não está só, que você vai lutar por ela.
> Que vai lutar pela verdade e pela justiça que merece sua dor.
> Que vai lutar para que a dor que ela carrega não se repita nunca em outra mulher em qualquer mundo.
> Leve-a e transforme-a em raiva, em coragem, em decisão.
> Leve-a e junte-a a outras luzes.
> Leve-a e, talvez, mais tarde, chegue no seu pensamento que não haverá verdade, nem justiça, nem liberdade no sistema capitalista patriarcal.
> Então, talvez, nos juntaremos para botar fogo no sistema.
> E, talvez, você estará conosco, cuidando para que ninguém apague esse fogo até que não haja mais que cinzas.

136   6 O papel da mulher

> E então, irmã e companheira, nesse dia que será noite, talvez possamos dizer com você:
> "Bom, agora sim, vamos começar a construir o mundo que merecemos e que precisamos".[93]

Nos últimos anos, o movimento feminista tem ganhado muita força no México e em muitos países da América Latina. Só em 2024, cerca de 180 mil mulheres marcharam na Cidade do México no dia 8 de março, uma maré lilás composta sobretudo por jovens combativas e conscientes que invadiu o Zócalo para exigir justiça e encontrar força na sororidade para continuar na luta comum contra o patriarcado. Esse levantamento de mulheres responde à persistência da violência machista, que, apesar das marchas, manifestações e tantas outras ações, não apenas não diminui, mas continua crescendo. Nos últimos dez anos, a violência de gênero mais que duplicou no México.[94] Delitos sexuais contra meninas e adolescentes, violência familiar, tráfico de mulheres e feminicídios... todos têm aumentado no país. Há algumas décadas, os feminicídios impunes de Ciudad Juárez viraram notícia internacional. Hoje, na Netflix, pode-se ver o documentário *As três mortes de Marisela Escobedo*, sobre essa incansável mulher que, depois do feminicídio impune da sua filha Marisol em 2008, percorre o país à procura de justiça e termina sendo ela mesma assassinada na frente do palácio do governo estadual de Chihuahua. Entretanto, na última década, o feminicídio tem se estendido de forma alarmante a todo o país, sendo o Estado do México o de maior terror para a mulher. Estima-se que, todo dia, dez mulheres são assassinadas no país. A resposta do Estado e da grande mídia com frequência tem sido culpar as próprias vítimas: porque se vestiam de certa forma, porque estavam onde não deveriam estar, por serem jovens, por serem mulheres. E quando a indignação é muita e as mulheres se levantam, são chamadas de violentas, de *feminazis*. Quantas vezes o presidente López Obrador — que tanto tem insistido que seu governo foi um dos mais feministas da história — criticou duramente as feministas,

---

93   "Palavras das mulheres zapatistas no encerramento do primeiro encontro intercontinental, político, artístico, desportivo e cultural de mulheres que lutam no caracol zapatista da zona tzotz choj", *Enlace Zapatista*, 10 mar. 2018, em https://enlacezapatista.ezln.org.mx/2018/03/22/palavras-das-mulheres-zapatistas-no-encerramento-do-primeiro-encontro-intercontinental--politico-artistico-esportivo-e-cultural-de-mulheres-que-lutam-no-caracol-zapatista-da-zona--tzotz-choj-10-de-m/.

94   "El aumento en la violencia de género", Índice de Paz México, Instituto para Económicas & Paz (IEP), 2024.

que desde 2019 vêm intensificando suas ações de protesto perante o aumento da violência de gênero, do feminicídio e da impunidade no país, acusando-as de querer desestabilizar seu governo e chamando-as de extremistas e de "conservadoras de direita". Inclusive, o jornal *The Washington Post* revelou que altos funcionários do governo de López Obrador se reuniram com diretores de empresas jornalísticas para pedir que reduzissem as notas sobre violência contra as mulheres, em troca de contratos de publicidade oficial.[95]

Desde o início, a luta das mulheres tem sido um eixo fundamental do zapatismo. Entretanto, na última década, a perspectiva de gênero do movimento adquiriu uma maior profundidade e complexidade, e a mulher vem ocupando um lugar central em todas as iniciativas. Os dois encontros de mulheres que lutam, sobretudo, foram momentos muito potentes de compartilhamento e reflexão entre as mulheres zapatistas e milhares de mulheres de muitas partes do mundo, com efeitos imprevisíveis, mas sem dúvida muito significativos, em longo prazo. Mas é melhor eu dar um passo atrás agora e ceder a palavra à companheira Eugenia do nosso coletivo, que participou no último encontro.

•

Sonhamos que o patriarcado ardia e que era possível habitar espaços livres de crueldade. Muito tempo o grafitamos, o teorizamos, o escrachamos e o propusemos. Aqui o choramos e o gememos. Aqui o cantamos dançando, acarinhando, nesse vale de organização e trabalho. De 26 a 29 de dezembro de 2019, as mulheres zapatistas nos acolheram com dignidade no seu colo coletivo e rebelde em um sementeiro que tem o nome da Comandanta Ramona, falecida há catorze anos. Andando sobre suas pegadas, as de Susana e as de todas as mães fundadoras do EZLN, chegamos a esse encontro que não deveria ter sido. A violência contra as mulheres, o tema a discutir nesse encontro internacional, deveria ter diminuído se os debates feministas fossem suficientes para mudar as condições sistêmicas de paridade e equidade. Mas não são. Essas ilhas rebeldes autônomas zapatistas resistem num mar agitado de violência generalizada que atingiu 38 mil assassinatos em 2019, num México que

---

95   Laura Castellanos, "La rabia de las jóvenes feministas cimbra al gobierno de AMLO", *The Washington Post*, 6 mar. 2020, em https://www.washingtonpost.com/es/post-opinion/2020/03/05/la-rabia-de-las-jovenes-feministas-cimbra-al-gobierno-de-amlo/.

138   6   O papel da mulher

não funciona. A mesma violência atinge milhares de milhões de pessoas, sobretudo mulheres e crianças, segundo explicam as 4 mil mulheres que chegaram de 49 países que também não funcionam.

Na inauguração do evento, a Comandanta Amanda carrega seu bebê nas costas enquanto nos pergunta, em nome das zapatistas, o que conseguimos fazer desde o evento anterior, em março de 2018. Elas, as zapatistas, conseguiram isto: espaços sem crueldade nem feminicídios, sem tráfico humano, nem pedofilia, nem comércio sexual, nem corrupção, nem narcotráfico, sem competição individualizante, sem autovitimização. Espaços livres do capitalismo. Sem repressão, nem desprezo, nem espoliação, nem exploração. Montaram cozinhas, banheiros, chuveiros, lavadouros e varais, palcos, mercadinhos coletivos, restaurantes coletivos, luz elétrica, água, cenários com equipamentos de som, lixeiras que separam o lixo para reciclagem, clínicas, escolas, quadras esportivas. Fizeram suas coberturas com as *tercias compas*, aprenderam a dirigir ambulâncias e caminhões. Deram-nos uma lição de autonomia feminina plena. Ao redor do "sementeiro" onde não entram homens, durante três dias, cuidam de nós milicianas armadas com arcos e flechas, sob o sol e sob a lua que começa a crescer.

É difícil suportar incólumes à enxurrada de crônicas de dor que surge do palco principal. Mais de noventa companheiras pediram a palavra. Quase todas contam que é a primeira vez que elas têm coragem de narrar sua vergonha, sua raiva pela humilhação que viveram. O silêncio e o pranto de raiva nos entrelaçam. Tanto faz a idade, a nacionalidade ou as condições de privilégio ou pobreza, as histórias de cada uma são as histórias de todas. As reflexões continuam nas caminhadas para os banheiros e chuveiros, nos restaurantes, entre eles o Mujeres que Somos ou o Compañeras Milicianas. A toda hora, escutamos: "a mesma coisa aconteceu comigo, diferente, mas igual". Porque, nos testemunhos de vozes quebradas e gritos, nos quebramos todas um pouco lembrando nossos professores, maridos, patrões, deuses, tios ou desconhecidos que nos humilharam. Lembramos nossos abortos, as infecções vaginais, os murros, o grito, o estupro brutal ou "moderado", a risada zombeteira, a pressão para o sexo sem vontade, a desaparição de uma amiga, sua morte, seu assassinato. E também lembramos nossos próprios atos de violência contra outras, contra nossas filhas e filhos. Chega. É muita humilhação.

No microfone ressoam sem parar as vozes de mães sem filhas, de mulheres órfãs, de parentes de pessoas presas ou perseguidas, de jovens urbanas que nomeiam pela primeira vez seus assediadores, seus estupradores. Há milênios, nós, mulheres, aprendemos a escutar e a falar sem sermos escutadas. Aqui, muitas mulheres aprendem a falar sendo escutadas.

Aqui fomos livres por uns dias. Aqui fomos exatamente as mulheres que somos. Pelas crianças que estão por vir, ou pelas mulheres e homens que já não estão, caberá a todas juntas continuar o sonho de ver arder um sistema criminal, aprendendo com o passado para forjar e nos forjarmos, como mulheres que lutamos, o presente e o futuro que já merecemos.[96]

Encontro de Mulheres que Lutam, Sementeiro Comandanta Ramona, Caracol de Morelia, dezembro de 2019. Foto: Rádio Zapatista.

•

Se a existência de um espaço e um momento como esse já é surpreendente, ela é muito mais se considerarmos de onde vieram essas mulheres zapatistas, a sua história... e a realidade cotidiana de tantas mulheres indígenas em Chiapas até hoje.

---

96 "Vida, respeto y palabra: crónica del Segundo Encuentro Zapatista de Mujeres que Luchan", *Rádio Zapatista*, jan. 2020, em https://radiozapatista.org/?p=33321.

140   6 O papel da mulher

Uns anos atrás, tive a oportunidade de acompanhar uma extraordinária mulher tsotsil enquanto escrevia sua história de vida... um doloroso processo de dois anos que resultou no belo livro *Trezentas formigas*. Ela não é zapatista, embora tenha participado dos diálogos de San Andrés. Sua história reflete a realidade de tantas outras mulheres não apenas no passado, mas no presente.

> Menina que eu fui, mulher que eu sou, saia de mulher, corpo de mulher, sinto que tenho feridas em toda a mente e todo o corpo, e não consigo tirar as marcas que tenho gravadas. Embora quisesse não lembrar, é difícil esquecer, não consigo apagar o que me aconteceu em minha infância e adolescência. As lembranças não me deixam tranquila, em minha mente e em meu sangue ferve de raiva a memória.
>
> Todos os dias escutava as mesmas palavras: que eu sou podre, um lixo, um estorvo, uma puta. Meu pai nunca cansava de me dizer na cara, nos meus ouvidos, nos meus olhos. A raiz do meu desprezo é que eu vim menina, não trouxe testículo. Por isso nunca houve palavra florida para mim, palavra sã, palavra bonita. Para o filho homem foi muito diferente: existiam palavras doces, palavras amorosas, palavras especiais para o varão. Para mim, só palavras odiosas. Porque as mulheres não servem para nada, só acabam com a riqueza do homem e da família: isso me dizia meu pai. Por isso nunca soube o que é carinho, amor, só conheci o ódio até a raiz do meu coração. Minha infância foi como um inferno de viver.[97]

Xunká, hoje com mais de sessenta anos de idade, descreve a violência extrema que sofreu quando criança nas mãos de seu pai, desenhando o panorama de machismo naturalizado presente nas comunidades indígenas. Aos quinze anos, ela fugiu de casa no meio da noite e chegou à cidade de San Cristóbal, mestiça e racista, com a roupa do corpo e mal sabendo falar espanhol. Nessas condições, ela conseguiu ser promotora de saúde, se formou na carreira de Línguas e Culturas, trabalhou como assistente de pesquisa, virou ativista organizando mulheres indígenas em San Cristóbal, participou dos diálogos de San Andrés e viajou pelo mundo, convidada para falar sobre a realidade das mulheres indígenas. Para ela, como para tantas outras mulheres, o levantamento zapatista foi um divisor de águas.

> Depois veio o levantamento do EZLN em 1994 e tudo mudou. Foi então que as mulheres começaram a participar muito mais. Porque até então muitíssimas mulheres não saíam, não participavam, sempre estávamos trancadas em casa, não tínhamos permissão de sair, tínhamos de ficar em casa cuidando dos nossos filhos, dos nossos animais, cuidando da casa,

---

97 Juana María Ruiz Ortiz, *Trecientas hormigas*, Chiapas, Urucum Ediciones, 2022, p. 17-18.

141   Alejandro Reyes

da roupa do marido ou dos pais. Os homens estão muito acostumados. Mas quando as mulheres começaram a fazer o levantamento zapatista, para mim foi como se dissessem: "Levantem, companheiras, não estamos mais dormindo, é preciso lutar". Eu senti que finalmente chegava um bom panorama, um bom exemplo para as mulheres. Elas pegaram as armas, tiveram a coragem, então nós também tínhamos de fazer algo, é isso o que eu senti. As mulheres começaram a sair. Em 1994, 1995, as mulheres já saíam, participavam, vinham às reuniões, propunham o que elas queriam. Porque nós, mulheres, éramos obrigadas a fazer muitas coisas: "Você vai se casar com fulano, você vai porque vai". Nem perguntavam se você o ama ou não, se ele sabe trabalhar ou não. A família não se importava se ele te amava, se ele ia te comprar roupa, se compartilharia todas as coisas. Não. Nada. "Você vai porque vai", como se fôssemos um objeto sem vida, sem sentimento. Assim eram as coisas. Era isso o que elas propunham nas reuniões: "Nós não queremos ser vendidas por nossos pais. Queremos poder sair para trabalhar. Queremos ter o direito à terra".[98]

As mulheres zapatistas têm falado muito sobre sua realidade antes e depois do levantamento e no presente: nos muitos encontros, nos cadernos da Escolinha da Liberdade e em livros publicados por companheiras urbanas que ganharam a confiança das comunidades e acompanharam os processos das mulheres rebeldes. Nas falas dessas mulheres zapatistas, a memória está sempre presente.

A memória da violência contra a mulher começa na época das fazendas, onde homens e mulheres viviam em condições de escravidão. Amina, uma anciã tseltal da zona de La Garrucha, onde cresceu numa fazenda, contou no Encontro de Mulheres Comandanta Ramona em 2007:

Qualquer erro nosso, batiam com chicote. Era couro de vaca, muito duro. Os castigos eram tão duros que a gente desmaiava de dor. Amarravam nossos maridos nus numa árvore e batiam neles, os deixavam amarrados sem roupa um ou dois dias. Nós éramos forçadas a nos ajoelharmos sobre uma pedra afiada até sangrar o joelho. [...]

As mulheres trabalhavam na casa grande fazendo as *tortillas* para o patrão. Mas o patrão não quer as velhinhas. Quer as jovens, é o que quer. Mas o patrão é mau. É mau o patrão. As jovens disseram que o patrão queria estuprá-las. Elas disseram a seus pais que não querem mais trabalhar lá. Um dia o patrão ordenou seus homens a pegar os pais e levar as meninas. Para poder estuprá-las. Os velhos que não aceitaram foram pendurados num pau.[99]

---

98   Ibidem, p. 98-99.

99   Citado em Hillary Klein, *Compañeras: historias de mujeres zapatistas*, México, Tinta Limón, 2024, p. 29, 31.

142   6   O papel da mulher

O estupro sistemático de mulheres indígenas é uma herança direta dos tempos coloniais: a origem violenta do nosso povo mestiço. Com o levantamento, a fazenda na qual Amina trabalhava foi recuperada pelos zapatistas, e ela e todos os outros finalmente conheceram a liberdade. Mas nem todos os indígenas antes do levantamento viviam nas fazendas. Com a reforma agrária, mesmo que sua aplicação tenha sido problemática em Chiapas, muitos indígenas conseguiram se livrar das fazendas ao longo do século XX, e muitos outros fugiram delas para ocupar terras distantes na selva, sobretudo na década de 1970. Porém, mesmo fora das fazendas, as mulheres continuaram a sofrer a mesma opressão, agora nas mãos dos pais e maridos, que internalizaram a mentalidade do patrão. Os testemunhos de algumas mulheres zapatistas sobre suas condições de vida antes do levantamento se assemelham muito às descrições de Xunká em sua autobiografia:

> Desde que nascem, já está o ódio contra as mulheres. O pai vê que é menina e não a leva em conta. Se está doente, não faz nada. A mãe quer sua menina, porque sabe que ela vai ajudá-la. Como a mãe quer todos os dois (o menino e a menina), quer dar-lhes comida igualmente. Mas como é o homem que os mantém, eles não recebem igual.[100]

As meninas geralmente eram forçadas a se casar sem seu consentimento, e muitas vezes sem nem mesmo conhecer o futuro marido, às vezes aos doze ou treze anos de idade. Os acordos eram feitos entre os pais de ambas as famílias; a família do noivo pagava o dote, e a jovem não podia nem opinar. No caso de Xunká, o pai tentou vendê-la por um litro de cachaça. É importante dizer que eu falo "eram" me referindo aos povos zapatistas; entre os povos indígenas não zapatistas de Chiapas, muitas das formas de opressão da mulher descritas aqui continuam presentes.

A violência doméstica era naturalizada, e as mulheres não tinham ninguém que as pudesse proteger. "Naquela época", conta María, uma mulher zapatista que, no momento do levantamento, tinha 36 anos, "os avós aconselhavam: 'Quando seu marido bater em você, não conte nada à sua mãe ou seu pai, guarde como segredo. Se você sangrar, esconda o sangue. Se chorar, precisa esconder o seu pranto para ninguém saber que seu marido bate em você'".[101]

---

100   Ibidem, p. 38.
101   Ibidem, p. 39-40.

143 Alejandro Reyes

O imperativo era calar. Calar os golpes, calar os abusos, calar os sentimentos, calar a dor. Mas também calar as opiniões, com a convicção de que a mulher não sabe nada, não pode saber. Por isso, as mulheres não participavam (nem participam na maioria das comunidades não zapatistas) das assembleias e reuniões. Elas não podiam sair sozinhas de casa, e se saíam, eram alvo de cochichos e fofocas, inclusive por parte de outras mulheres, e da violência dos maridos ou pais. Discriminadas desde o nascimento, proibidas de opinar, de sair de casa sem a permissão do marido, de participar de reuniões e assembleias, forçadas a trabalhar desde pequenas, engravidando constantemente, muitas mulheres internalizaram o silêncio e a submissão como condição natural das suas vidas.

Escapar dessa condição era extremamente difícil. Por um lado, a pressão social fazia com que fosse impossível se revoltar contra esse sistema de opressão e ficar na comunidade; por outro, as mulheres não podiam herdar a terra, o que as colocava numa situação de extrema dependência econômica, fechando todas as portas a não ser a migração clandestina para a cidade, como no caso de Xunká, o que implicava enfrentar situações duríssimas para quem até então mal saía de casa e da roça.

Desde a sua fundação, o EZLN não fez qualquer distinção de gênero. Logo nos primeiros anos, várias mulheres começaram a se unir ao exército clandestino. Inclusive, durante alguns anos na década de 1980, o EZLN esteve sob o mando da Comandanta Elisa, pertencente às FLN desde a década de 1970. Algumas insurgentas indígenas que se uniram logo nos primeiros anos chegaram a ocupar altos mandos militares, como a major Maribel e a major Ana María, que liderou as tropas que tomaram a cidade de San Cristóbal de Las Casas em 1º de janeiro de 1994. Essas primeiras insurgentas inspiraram outras mulheres a se unirem ao EZLN não apenas como bases de apoio, mas também como guerrilheiras. Num contexto em que a maioria das mulheres não podia nem sair de casa sem permissão do marido ou do pai, o exemplo das insurgentas, que abandonavam a vida doméstica para morar em acampamentos na montanha com outras mulheres e homens, aprendiam a ler e escrever, a falar em público, adquiriam uma consciência política e histórica e sabiam utilizar as armas, implicou uma verdadeira revolução interna nas comunidades indígenas. "Diziam-nos que nós como mulheres seríamos levadas em conta, seríamos mais livres. De todas as explicações que nos davam, o que eu

144   6 O papel da mulher

mais senti foi que não seríamos mais maltratadas. Sentimos que começamos a abrir os olhos."[102]

Isabel foi uma das primeiras mulheres insurgentes do EZLN. Aos catorze anos de idade, abandonou a vida familiar e comunitária para se unir ao exército insurgente, pela possibilidade que a guerrilha implicava de aprender muitas coisas e pela vontade de contribuir com a luta em prol do seu povo e, sobretudo, das mulheres. "A ideia principal era melhorar como pessoa, não mais na vida comunal ou familiar; isso doeu, digamos que sofri muito. Por que aceitei essa mudança? Porque via todo o sofrimento das outras mulheres, da minha mãe, minhas irmãs, minhas tias, minhas avós. Via a injustiça das suas vidas. Então, por que não?"[103]

Embora a vida na clandestinidade fosse muito difícil e implicasse abandonar tudo o que elas conheciam, também era libertadora, oferecendo a possibilidade de viver sem submissão, inclusive ocupando cargos de autoridade militar. Para as mulheres nas comunidades, o exemplo dessas insurgentes mostrava possibilidades antes inimagináveis. Periodicamente, pequenos grupos de insurgentes desciam da montanha para se reunir com as mulheres da comunidade. "Chegaram mulheres insurgentes para explicar a situação em que vivemos como mulheres. Porque como mulheres temos tanto trabalho. Vieram nos ensinar quais são nossos direitos, que todas as mulheres temos o direito de falar, de participar, de ler e escrever. Estudamos a política, a crítica do governo. Aprendemos muito com elas", disse uma companheira em um encontro regional de mulheres em 2001.[104]

Conta a major Ana María:

> Nós exigimos aos companheiros das comunidades que as mulheres também tinham de se organizar, representar algo, fazer algo, não só os homens. Porque sempre que chegávamos às comunidades, só tinha homens na reunião, nos círculos de estudo. Trabalhamos muito para que a mulher se levantasse e tivesse oportunidade de algo, elas mesmas o pediam. Diziam: "Se os homens estudam e aprendem coisas, por que nós não podemos? Também queremos aprender. Além disso, temos companheiras que são insurgentes, que estão mostrando que podem, que nós, mulheres, podemos". Assim começaram a entrar muitas milicianas.[105]

---

102   Ibidem, p. 60.

103   Ibidem, p. 61.

104   Ibidem, p. 66.

105   "Las mujeres en el EZLN y su ley revolucionaria; por la rebeldía, autonomía y libertad", *Cimacnoticias*, 9 jun. 2023, em https://cimacnoticias.com.mx/2023/06/09/las-mujeres-en-el-ezl-

145 Alejandro Reyes

Isso inspirou muitas mulheres a participar também no âmbito civil como bases de apoio. Nas assembleias locais, regionais ou de zona, ainda na clandestinidade, as mulheres eram estimuladas a participar, e muitas começaram a assumir cargos como responsáveis locais e regionais.

Uma das principais fontes da violência doméstica era o alcoolismo. Na época da clandestinidade, foram realizados diálogos em todas as comunidades, que concluíram com a decisão de proibir o consumo de álcool entre os zapatistas. A principal motivação era a segurança no contexto da clandestinidade e do grande perigo que implicava qualquer indiscrição. Porém as mulheres foram muito importantes nesses debates, pois a proibição do álcool incidia diretamente no bem-estar das famílias.

Em 1º de janeiro de 1994, o EZLN distribuiu o jornal *El Despertador Mexicano*, que continha as leis revolucionárias do exército insurgente. Entre elas, a de maior impacto foi a Lei Revolucionária de Mulheres. Essa lei, aprovada em 1993, derivou de um processo de quatro meses de debates em todas as comunidades zapatistas, conduzidos principalmente pelas comandantas Ramona e Susana. Conta o Subcomandante Marcos:

> Quando o CCRI se reuniu para votar as leis [...], Susana foi a encarregada de ler as propostas que tinha juntado do pensamento de milhares de mulheres indígenas. Ela começou a ler e, conforme avançava na leitura, a assembleia do CCRI ficava cada vez mais inquieta. [...] Quando terminou, deixou um silêncio pesado. As "leis de mulheres" que Susana acabava de ler significavam, para as comunidades indígenas, uma verdadeira revolução. [...] Os homens se entreolhavam, nervosos, inquietos. [...] Nem preciso dizer que as leis foram aprovadas por unanimidade. [...] O primeiro levantamento do EZLN foi em março de 1993, e foi dirigido pelas mulheres zapatistas.[106]

Eis o texto da lei:

> PRIMEIRO • As mulheres, sem importar sua raça, credo, cor ou filiação política, têm direito a participar na luta revolucionária no lugar e grau que sua vontade e capacidade determinem.
> SEGUNDO • As mulheres têm direito a trabalhar e receber um salário justo.

---

n-y-su-ley-revolucionaria-por-la-rebeldia-autonomia-y-libertad/.

106 "Carta de Marcos sobre la vida cotidiana en el EZLN", 26 jan. 1994, em https://palabra. ezln.org.mx/comunicados/1994/1994_01_26.htm.

146   6 O papel da mulher

TERCEIRO • As mulheres têm direito a decidir o número de filhos que podem ter e cuidar.

QUARTO • As mulheres têm direito a participar nos assuntos da comunidade e a exercer cargos, se eleitas livre e democraticamente.

QUINTO • As mulheres e seus filhos têm direito a atenção primária em saúde e alimentação.

SEXTO • As mulheres têm direito à educação.

SÉTIMO • As mulheres têm direito a escolher seu cônjuge e a não serem obrigadas a casar.

OITAVO • Nenhuma mulher pode ser golpeada ou maltratada fisicamente nem por parentes nem por estranhos. Os delitos de tentativa de estupro ou estupro serão castigados severamente.

NONO • As mulheres poderão ocupar cargos de direção na organização e ter graus militares nas forças armadas revolucionárias.

DÉCIMO • As mulheres terão todos os direitos e obrigações apontados nas leis e regulamentos revolucionários.[107]

Essas leis tiveram grande repercussão não apenas no interior do próprio zapatismo, mas também nos feminismos latino-americanos, dando origem a muitos debates e inspirando outros processos emancipatórios.

A coragem das insurgentas e milicianas zapatistas durante o levantamento inspirou não só as mulheres do próprio movimento, mas também muitas outras mulheres em comunidades não zapatistas, como vimos no relato de Xunká em *Trezentas formigas*.

Costuma-se dizer que a guerra durou apenas doze dias. Na verdade, isso é inexato. A luta armada do EZLN durou doze dias, mas a guerra do governo contra o EZLN e as comunidades zapatistas continuou e ainda continua de muitas formas. Na década de 1990, essa guerra foi muito intensa, com uma estratégia de três vias entrelaçadas: a militarização, a paramilitarização e os projetos sociais. Perante as primeiras duas, sobretudo, a resistência ativa das mulheres se tornou uma inspiração não apenas para outras mulheres indígenas, mas também para os homens na organização. Se as mulheres enfrentavam o exército e os paramilitares com tamanha coragem, era impossível continuar afirmando que as mulheres eram fracas e incapazes, que não podiam nem deviam participar de todas as áreas da luta e da organização coletiva tanto quanto os homens. Pois, nessas ações, eram as mulheres as que defendiam os homens.

---

107   Disponível em https://enlacezapatista.ezln.org.mx/1993/12/31/ley-revolucionaria-de--mujeres/.

147 Alejandro Reyes

No contexto das agressões por parte do exército em 1998 que comentamos no capítulo sobre a autodefesa, nas quais homens zapatistas foram presos ou assassinados, foram as mulheres que se organizaram para enfrentar as forças armadas e defender as comunidades. Armadas apenas com paus ou pedras, formavam barreiras para impedir a entrada do exército nas comunidades, empurrando os soldados com gritos de protesto. Em muitas ocasiões, não sabendo como reagir, os soldados terminaram recuando. As imagens das diminutas mulheres indígenas enfrentando o exército com uma determinação surpreendente se tornaram icônicas da resistência pacífica à violência do Estado.

Um exemplo disso foi o acontecido na comunidade de Nueva Esperanza em 1998. Às onze horas, durante uma celebração, o exército entrou, mas as pessoas conseguiram fugir para a montanha. Os soldados destruíram tudo o que havia na comunidade, mataram e comeram os animais, atearam fogo aos livros da escola, defecaram nas cozinhas e envenenaram a água. No mesmo dia, mulheres de todas as comunidades da região se juntaram para enxotar os soldados. Eis um relato das mulheres que participaram na ação, recopilado por Hillary Klein em um encontro de mulheres alguns anos depois:

> Foram as mulheres de toda a zona. Chegamos com paus e empurramos os soldados, gritando: "Fora, soldados!". Três vezes os enxotamos, mas não queriam sair. [...] Eles gritavam para nós: "Vão embora. Se ficarem, à noite serão nossas namoradas". Chegamos para lhes dizer que a terra é para os camponeses. Mas quando escutaram nossas palavras, começaram a nos ameaçar, até bateram em algumas mulheres. Mais tarde, chegaram os de direitos humanos e os soldados se tranquilizaram um pouco. Antes estavam muito bravos. Eles nos apontavam suas armas, mas não tínhamos medo. No dia seguinte chegou a imprensa, e o exército foi embora. Ficamos o dia todo, até a noite. Tínhamos que ficar atentas até eles irem embora. Aos poucos, eles saíram, demoraram uma semana para partir.[108]

Em várias ocasiões, as mulheres, acompanhadas dos seus filhos, enxotaram o exército das comunidades ou evitaram que ele entrasse.

> Nós estamos dispostas a defender nossa comunidade, a proteger os homens, porque se pegam o homem, torturam-no, matam-no, como aconteceu em 7 de janeiro de 1994, que mataram os três companheiros. É o que não queremos agora. Não queremos mais morte.[109]

108 Hilary Klein, *Compañeras*, p. 139-40.
109 Ibidem, p. 142.

Como evidente pelas falas das próprias zapatistas, essas ações alimentaram um senso de orgulho e dignidade nas mulheres, que tiveram a coragem de enfrentar, repetidamente, soldados armados, para defender os homens das comunidades da violência mortal do exército. Como dissemos, isso também contribuiu para aprofundar a mudança na mentalidade dos homens e subverter as relações de gênero tradicionais, muito desiguais.

Bases de apoio zapatistas, Yalchilptic, Chiapas, 2 de janeiro de 1998.
Foto: Pedro Valtierra, Cuartoscuro.

Um impulso importante para a organização das mulheres têm sido o trabalho coletivo. As cooperativas e outros coletivos de mulheres são espaços de sororidade dos quais os homens não participam e, portanto, onde elas podem se sentir mais à vontade. Apesar de todas as mudanças descritas acima, a longa história de opressão e o silêncio ao qual as mulheres indígenas eram (e são nas comunidades não zapatistas) condenadas pelo pensamento patriarcal internalizou-se de tal forma que, ainda hoje, um dos grandes obstáculos para a participação da mulher é a vergonha, o medo de ser criticada pelos homens, o medo de não conseguir fazer os trabalhos adequadamente e o medo de falar em público. Nas cooperativas, não há essa pressão externa dos homens, as mulheres decidem e fazem tudo em coletivo. A decisão de criar uma cooperativa se

149 Alejandro Reyes

faz em uma assembleia de mulheres; ali, decidem que tipo de cooperativa criar, designam as coordenadoras e organizam o projeto. Há coordenadoras de mulheres regionais, que visitam as diferentes comunidades para se reunir com as mulheres e incentivá-las a criar trabalhos coletivos, orientando-as e as ajudando-as a perder o medo. Há cooperativas de hortos, criações de galinhas etc. que contribuem para a alimentação da comunidade; mercadinhos coletivos; cooperativas de artesanato; farmácias; padarias; *tortillerías* ou moinhos comunitários (que diminuem muito o trabalho das mulheres, que muitas vezes levam horas moendo o milho para fazer as *tortillas*, o alimento básico das comunidades indígenas mesoamericanas). Às vezes, as cooperativas servem para criar fundos para comprar remédios para mulheres doentes ou para apoiar as viúvas da comunidade. Outras vezes, os fundos são utilizados para apoiar a criação de novas cooperativas. Participar das cooperativas implica um trabalho de organização, administração, resolução de problemas, contabilidade financeira e muito mais, funcionando portanto como espaços formativos e libertadores. Em um contexto em que as mulheres tradicionalmente só podiam trabalhar em casa, as cooperativas significam a possibilidade de participar em espaços públicos, com evidentes benefícios para a comunidade, a região, o município ou a zona. Esses benefícios coletivos contribuem para diminuir ainda mais a resistência masculina à participação das mulheres e para desenvolver o respeito e a equidade de gênero.

A coordenação das cooperativas implica também a realização periódica de encontros de mulheres no nível das regiões ou municípios autônomos. São encontros de dois ou mais dias, nos quais se discutem os direitos das mulheres e se realizam atividades práticas, por exemplo, relativas à saúde das crianças, e capacitações diversas. Mais uma vez, esses encontros servem para forjar dignidade, autonomia, politização e consciência de gênero.

No zapatismo hoje, as mulheres participam ativamente de todas as estruturas militares e civis e em todas as áreas da autonomia. No EZLN, desde o início, como vimos, as mulheres têm participado como insurgentes e como mandos militares. Da mesma forma, elas participam na estrutura política do Comitê Clandestino Revolucionário Indígena (CCRI) como comandantas ou suplentes, e algumas das comandantas, como Ramona, Susana e Esther, se tornaram icônicas do movimento. São promotoras de saúde, educação e agroecologia, formadoras, artistas, *musiqueras*, comunicadoras, *tercias*

150   6   O papel da mulher

compas, milicianas, responsáveis locais, regionais e de zona, autoridades civis em todos os níveis (comunidades, MAREZ e JGB, até 2023; GAL, CGAL e ACGAL agora), membros das Comissões de Honra e Justiça nos caracóis. Na justiça autônoma, a participação das mulheres tem sido fundamental para uma verdadeira equidade de gênero, beneficiando também as mulheres não zapatistas de comunidades vizinhas, que muitas vezes procuram a justiça zapatista para denunciar casos de violência de gênero, que nas instâncias oficiais geralmente ficam impunes.

Embora ainda haja muito caminho pela frente e o machismo ainda persista de diversas formas, as mudanças são muito significativas. A companheira Celina, que cresceu em uma fazenda e agora vive em uma comunidade inteiramente zapatista em terras recuperadas, conta o seguinte:

> Antes eu pensava que só os homens tinham direitos. Estava totalmente manipulada, não sabia nada. Estava sempre em casa e pensava que as mulheres nasciam para trabalhar em casa. Quando chegou a organização [o EZLN] é que despertamos. Comecei a aprender que a vida não tem que ser assim como eu estava vivendo. Escutamos que as mulheres também podem participar. Eu já tinha família quando comecei a pensar que é má a forma em que vivemos.
>
> Na minha família, as coisas mudaram muito. Meu marido está muito mudado. Antes ele queria mandar em mim, não me respeitava, se não gostava de alguma palavra, me maltratava. Mas agora não mais. Eu como mulher também aprendi a falar, a me defender. Os dois têm que mudar, é o que eu vi com o tempo. O homem precisa mudar, mas a mulher também. Muda a vida dentro de casa, agora vemos que temos de nos respeitar todos dois.
>
> Meu marido participou na organização, no trabalho de saúde. E como ali falam sobre o direito das mulheres, ele foi pensando, e ele foi mudando também. Me deixou sair, me disse que eu posso aprender também. Me disse que não é só ele que sabe, que eu também posso saber. Quando eu não queria ir ao encontro, ele me dizia: "Como você vai a aprender se não for?". Antes não era assim. Quando começou a participar, não queria me levar aos encontros. Quando me nomearam Comissão de Mulheres, ele não estava. Aceitei o cargo e ele não disse nada, falou: "Se você aceitou, tudo bem, você sabe até onde você pode participar".[110]

Um aspecto importante dessas mudanças é que elas refletem uma postura crítica e dinâmica perante a tradição por parte do zapatismo. Ao mesmo tempo que se posiciona como um movimento indígena

---

110   Citado em Hilary Klein, *Compañeras*, p. 236-7.

que reivindica o direito de serem mexicanos *como indígenas*, sua compreensão de o que significa ser indígena não é fixa numa visão estanque de alguma "essência" ancestral; ser indígena, no zapatismo, significa ser plenamente contemporâneo. Assim, as reivindicações dos direitos das mulheres e da equidade de gênero não entram em conflito com a defesa da cultura e da identidade indígenas.

Outro aspecto, muito visível, sobretudo em anos recentes, é a ênfase na juventude, em especial nas jovens. Trata-se de jovens que nasceram e cresceram no zapatismo, que não conheceram a opressão das fazendas nem a violência da guerra, que se formaram na educação autônoma, que viveram uma vida muito diferente da que suas mães e avós tiveram. Nos encontros públicos, surpreendem pela força das suas músicas, poemas e peças de teatro, pela alegria descontraída, pela paixão pelo rap, pela atitude segura. No trigésimo aniversário do levantamento, no Caracol de Dolores Hidalgo, as centenas de milicianas, muitas delas ainda adolescentes, em formação militar com disciplina impecável e dançando cúmbia com contagiosa alegria, compuseram uma das cenas mais memoráveis.

Há, sem dúvida, ainda muitos desafios. Apesar dos avanços, como comentamos acima, a vergonha e o medo ainda são um obstáculo para uma maior participação das mulheres. Ao mesmo tempo, o machismo ainda persiste em alguns homens, e a violência doméstica e de gênero não foi inteiramente erradicada. A força da tradição e a cultura patriarcal, sobretudo em um contexto de contato e convivência regulares com não zapatistas, principalmente em comunidades mistas, representam um desafio constante, enfrentado sempre com os processos de conscientização e participação ativa que descrevemos acima. Ainda há homens que não permitem que suas mulheres participem nos trabalhos coletivos ou assumam cargos de autoridade ou nas diferentes áreas da autonomia. Há também casos em que a mulher se casa com um homem não zapatista, o que geralmente termina a afastando da participação. Outra dificuldade é o cuidado dos filhos, que dificulta muito a participação nos trabalhos coletivos e nas funções como promotoras e autoridades, quando os maridos não estão dispostos a realizar as tarefas domésticas e de cuidado das crianças, que tradicionalmente sempre foram âmbito exclusivo das mulheres. O número de filhos também influi na participação das mulheres, apesar das campanhas de planejamento familiar. Alguns pais continuam limitando a participação das suas filhas. Por exemplo, para frequentar o Ensino Médio, geralmente é preciso viajar para fora da comunidade e ficar longe por longos períodos, convivendo no mesmo espaço com outros jovens. O mesmo acontece com as formações como promotoras, encontros de mulheres etc. Há pais que não o permitem, com temor a essa convivência com outros jovens por longos períodos longe da comunidade, em um contexto em que tradicionalmente as jovens mal podiam sair de casa.

Contudo os avanços na situação da mulher são muito significativos nas comunidades zapatistas. Mas é claro que o zapatismo não só olha para a justiça de gênero ao interior do próprio movimento. No contexto da crescente brutalidade contra as mulheres e a diversidade sexual e de gênero no México e em tantos lugares do mundo, a luta contra a violência e pela dignidade das mulheres e *outroas* é onipresente nos discursos e nas ações do zapatismo.

Encontro de mulheres que lutam, Sementeiro Comandanta Ramona, Caracol de Morelia, dezembro de 2019. Foto: Rádio Zapatista

No Segundo Encontro de Mulheres que Lutam em 2019, em certo momento, a criança Esperanza Zapatista (uma menina real que aparece em muitos contos do Subcomandante Galeano) se coloca no centro do grande espaço do "sementeiro". Acocorada, abraçando sua boneca de pano, ela acende uma vela, pedindo proteção em silêncio. Então, umas quinhentas milicianas começam a formar uma grande espiral em forma de caracol em volta da menina. O abraço das milicianas cresce e cresce em volta de Esperanza, da esperança. Ao terminar a formação, as milicianas do círculo externo levantaram arcos e flechas, apontando três vezes, sem disparar.

Disse a Comandanta Amada na inauguração do encontro:

Companheira e irmã. Precisamos nos defender. Como indivíduas e como mulheres. E sobretudo nos defender organizadas. E temos de começar já. Minhas companheiras coordenadoras do encontro me encarregaram de falar estas palavras porque sou mãe de uma menina que está aqui comigo. Porque nosso dever como mulheres que somos e que lutam é nos protegermos e nos defendermos. E mais se a mulher for só uma criança. Temos de defendê-la com tudo o que temos. E se não tivermos nada, com paus e pedras. E se não houver pau nem pedra, com nosso corpo. Com unhas e dentes é preciso proteger e defender. E ensinar às meninas a se proteger e se defender quando tiverem suas próprias forças.[111]

111 "Palabras de las mujeres zapatistas en la inauguración del Segundo Encuentro Internacional de Mujeres que Luchan", dez. 2019, em https://radiozapatista.org/?p=33213.

Festival CompArte 2018, Sementeiro Comandanta Ramona, Caracol de Morelia, agosto de 2018. Foto: "Frijolito" para Rádio Zapatista.

7
AS ARTES

Em fevereiro de 2016, o Subcomandante Galeano escreveu uma carta ao escritor mexicano Juan Villoro intitulada "As artes, as ciências, os povos originários e os porões do mundo".[112] Nessa carta, o Subcomandante volta à questão da tormenta:

> Pensamos, sim, que o mundo que conhecemos atualmente vai colapsar, e que sua implosão irá trazer multidões de desgraças humanas e naturais. Sobre se a implosão já está em curso ou está por se definir, sua duração e término, pode-se debater, argumentar, questionar, afirmar ou negar. Mas até onde sabemos, não há quem se atreva a negá-la. Todos lá em cima aceitam que a máquina está falhando e tentam mil e uma soluções, sempre dentro da lógica da máquina. Mas há quem queira romper com essa lógica e assevere: a humanidade é possível sem a máquina.

Mas os zapatistas, diz o Subcomandante, não olham apenas para a tormenta; olham além dela, para o que agora, em outubro de 2024, eles chamam de "o dia depois". Ou seja, como construir, das ruínas do colapso, um mundo outro. Na carta a Villoro, o Subcomandante continua:

> É a nossa crença que a possibilidade de um mundo melhor está fora da máquina e sua possibilidade se sustenta em um tripé. Ou melhor, na inter--relação entre três colunas que têm perdurado e perseverado, com seus altos e baixos, suas pequenas vitórias e suas grandes derrotas, ao longo da breve história do mundo: as artes, as ciências e os povos originários com os porões da humanidade.

---

112 Disponível em https://radiozapatista.org/?p=16234.

157 Alejandro Reyes

Falei "as artes" porque são elas (e não a política) que cavam no mais profundo do ser humano e resgatam sua essência. Como se o mundo continuasse sendo o mesmo, mas com elas e por elas pudéssemos encontrar a possibilidade humana entre tantas engrenagens, porcas e molas rangendo com mau humor. À diferença da política, a arte não tenta reajustar ou consertar a máquina. Ela faz algo mais subversivo e inquietante: mostra a possibilidade de outro mundo.

Falei "as ciências" porque elas têm a possibilidade de reconstruir sobre a catástrofe que já "opera" em todo o território mundial. E não falo de "reconstruir" no sentido de retomar o caído e armá-lo de novo, à imagem e semelhança da sua versão antes da desgraça. Falo de "refazer", ou seja, "fazer de novo".

A política, a economia e a religião dividem, parcelam, partem. As ciências e as artes unem, fraternizam, transformam as fronteiras em ridículos pontos cartográficos.

A partir desse texto, as artes, e até certo ponto as ciências, se tornaram fundamentais na luta zapatista. Nesse mesmo ano, realizou-se o primeiro Festival CompArte pela Humanidade. No ano seguinte, o segundo CompArte, intitulado "Contra o Capital e seus muros: todas as artes". Em 2018, o terceiro CompArte, "Pela vida e a liberdade". E em 2019, um CompArte dedicado exclusivamente à dança, titulado "Dance outro mundo". Além disso, dois festivais de cinema Puy ta Cuxlejaltic (Caracol da Nossa Vida) (2018 e 2019), todos eles grandes eventos de aproximadamente uma semana. Os dois encontros "@s Zapatistas e as ConCiências pela Humanidade" aconteceram em 2016 e 2017. Falaremos com mais detalhe sobre os CompArtes mais adiante neste capítulo.

Embora tenha sido a partir de 2016 que as artes se tornaram centrais para o zapatismo, elas estiveram presentes desde a época da clandestinidade, quando a música e a poesia, sobretudo, serviram como ferramentas de conscientização e de construção de um sujeito coletivo. Os *corridos* são um gênero musical mexicano que narra fatos da cotidianidade e da política e os feitos de heróis populares: algo de certa forma semelhante à literatura de cordel. Durante a Revolução Mexicana de 1910, muitos eventos e heróis populares foram imortalizados por *corridos* que até hoje permanecem vigentes no imaginário nacional. Desde os tempos da clandestinidade, o EZLN reinterpretou vários *corridos* da Revolução para a sua própria revolução. Um deles é justamente o Hino Zapatista, uma releitura do tradicional *corrido* "Carabina 30-30". A tradição dos *corridos* no zapatismo continua forte até hoje, embora muitos

158   7   As artes

outros estilos musicais, como o rap, sejam também muito populares agora, sobretudo entre os jovens zapatistas.

A partir do levantamento, a pintura mural se tornou um mecanismo para comunicar o sentido da luta zapatista, com uma estética muito particular que se alimentava (e se alimenta) tanto da tradição da pintura mural pré-hispânica quanto do muralismo mexicano moderno. A pintura mural no modernismo mexicano floresceu na primeira metade do século XX, no período pós-revolucionário, como forma de construir um imaginário nacional em torno dos ideais da Revolução de 1910. O muralismo zapatista contemporâneo também tem a intenção de construir um imaginário comum e uma identidade coletiva, mas a partir de um simbolismo próprio. Até hoje, chegar a um território zapatista significa ver comunidades cheias de pinturas murais de vibrante colorido. No início, muitos desses murais foram criados por artistas solidários, mexicanos ou estrangeiros, alguns dos quais desenvolveram metodologias colaborativas para a concepção e realização coletiva das pinturas murais. Um exemplo disso é o Mural de Taniperla que mencionamos no capítulo 5, concebido e criado coletivamente sob a orientação do professor Checo Valdez, com a metodologia de "pintura mural comunitária participativa". O mural mostra o cotidiano de uma comunidade indígena zapatista: o trabalho na roça, crianças brincando no rio, uma assembleia de mulheres, outra de homens, crianças indo à escola autônoma. Do lado direito, ao longe, nas montanhas, vemos um grande número de insurgentes e insurgentas, os protetores e protetoras da autonomia. A porta do prédio tem inscritas as palavras "Casa Municipal" e, acima, *Sna yu'un Ateletic yu'un Comonaletic*, que significa "Casa das Autoridades das Comunidades" em tseltal. No centro, ao lado da porta, há uma grande figura montada a cavalo: *Votán Zapata*, uma criação da pena do Subcomandante Marcos. Votán, na cosmovisão maia, é um híbrido de figura mítica-histórica — que teria fundado a cidade maia de Palenque, na Selva Lacandona — e deus maia, caminhante que levou os homens verdadeiros a povoar o território maia. Votán é o guardião das montanhas e selvas, e é também guardião da palavra. Em 1998, o Subcomandante Marcos escreveu "A história das perguntas", em que o Velho Antônio — figura literária baseada em um personagem real — conta a história dos deuses Votán e Ik'al.

Mural de Taniperla – Foto: Acervo Rádio Zapatista

> Muitas histórias atrás, quando os deuses mais primeiros, os que fizeram o mundo, ainda andavam às voltas de noite, se falaram dois deuses, que eram Ik'al e Votán. Dois eram de um só. Se virando o um, mostrava-se o outro, se virando o outro, mostrava-se o um. Eram contrários. O um luz era, como manhã de maio no rio. O outro era escuro, como noite de frio e gruta. Eram o mesmo. Eram um os dois, porque o um fazia o outro.[113]

Os deuses Votán e Ik'al decidem caminhar juntos, e dos dois caminhos possíveis, decidem pegar o mais longo, e o fazem sempre se fazendo perguntas (daí o "caminhar perguntando"). Na história, ambas as figuras renascem na contemporaneidade na figura de Emiliano Zapata, general insurgente da Revolução Mexicana de 1910 e símbolo e inspiração do zapatismo. É, portanto, esse renascimento de Votán-Ik'al como Zapata o que une os opostos, a luz e a escuridão, o branco e o negro, a dualidade da existência. Votán Zapata passa então a simbolizar o próprio EZLN, guardião das comunidades zapatistas. A ancestralidade, assim, transforma-se em mito fundacional do zapatismo, hibridizada com a figura histórica

---

113   Disponível em https://enlacezapatista.ezln.org.mx/1994/12/13/la-historia-de-las-preguntas/.

160   7 As artes

de Zapata. E o longo caminho que o deus duplo decide trilhar, na história contada pelo Velho Antônio, passa a simbolizar o caminho da luta e da resistência zapatistas, cujo fim é impossível vislumbrar, mas que é preciso trilhar, sempre perguntando.

Entre os símbolos mais presentes na arte visual zapatista encontra-se o milho. Como mencionamos brevemente em outro capítulo, o milho que conhecemos hoje foi uma criação dos povos mesoamericanos ao longo de muitos séculos. O processo de "nixtamalização", que consiste em ferver o milho com um pouco de cal para separar a casca do grão, e que transforma sua composição química, resultando em propriedades muito mais nutritivas, também foi um invento dos povos originários mesoamericanos. O milho é elemento fundamental da alimentação dos povos indígenas e camponeses, e a *milpa*, roça de milho com feijão, abóbora, pimenta e possivelmente outros produtos, é onipresente no México. O milho, portanto, é vida. Segundo o *Popol-Vuh*, o livro sagrado dos maias, depois de várias tentativas de criar o ser humano (com barro, com madeira), os "deuses primeiros" o construíram finalmente de milho. Como símbolo de vida, o milho é muito presente na iconografia zapatista. As imagens recorrentes de espigas de milho com grãos em forma de rosto com *pasamontañas* simbolizam assim a luta zapatista pela vida, ou a luta zapatista como a própria vida.

Outro elemento recorrente é o caracol, que, como vimos, tem uma forte simbologia tanto ancestral quanto contemporânea — a palavra, a comunicação, o tempo da paciência e do sentipensamento, o sagrado... a sagração dos encontros —, e que por isso nomeia os centros administrativos e de encontro com o mundo exterior das diferentes zonas zapatistas. Da mesma forma, representações de personagens icônicos revolucionários são muito presentes: Che Guevara, Zapata, Subcomandante Pedro, Subcomandante Marcos, Comandanta Ramona, entre outros. A partir de 2015, quando se realizou o "sementeiro" O pensamento crítico perante a hidra capitalista, nas artes plásticas a temática da "hidra capitalista" tem sido muito presente: metáfora através da qual artistas zapatistas indagam as muitas formas em que o capitalismo destrói as possibilidades de vida digna.

Desde o início da fase pública do EZLN, a literatura emerge também como elemento distintivo do zapatismo, servindo como veículo para projetar uma visão outra não apenas da política e do fazer revolucionário, mas também da história, da relação com a terra e com os outros, da própria vida. Ou seja, uma ética diferente e o vislumbre do "outro mundo possível" que essa ética seria capaz de gestar.

Nesses primeiros anos, o Subcomandante Marcos criou dois personagens dignos do realismo fantástico. Um deles, referência à herança cultural europeia, porém latino-americanizada, é Don Durito de la Selva Lacandona, um besouro munido de um clipe (sua lança), um gaveto (sua espada), meia casca de noz (seu capacete) e uma tampinha (seu escudo): *alter ego* de Dom Quixote, que, com uma fala de inspiração cervantina e muito humor, considera o Subcomandante seu escudeiro e discursa sobre o neoliberalismo e outras temáticas contemporâneas. O outro personagem icônico desses primeiros anos de vida pública do EZLN é justamente o Velho Antônio, inspirado em um companheiro real: um ancião indígena, um curandeiro, com o qual Marcos traz para um público geral a ancestralidade, a cosmovisão e o imaginário sagrado indígena maia, lente pela qual ele observa e analisa a realidade política, social e econômica do México e do mundo. Não se trata, porém, de uma ancestralidade estanque, congelada no tempo, essencialista. A operação de Marcos nesses textos — sempre muito bem-humorados — não é nem arqueológica, no intuito de desvendar alguma essência pré-hispânica maia, nem antropológica, com a intenção de revelar com exatidão crenças e costumes dos povos indígenas atuais. O que ele faz é uma releitura poética tanto da tradição pré-hispânica (as ressonâncias com o *Popol-Vuh* e outros textos históricos são evidentes) quanto das crenças contemporâneas, reinventando-as poeticamente, como vimos acima com o exemplo de Votán Zapata.

Ao longo das últimas três décadas, a palavra, pela pena do Subcomandante Marcos, depois Subcomandante Galeano, agora Capitão Marcos, tem contribuído para criar um imaginário coletivo que abre as portas a outras realidades. Diz a Quarta Declaração da Selva Lacandona:

> Não morrerá a flor da palavra. Poderá morrer o rosto oculto de quem a nomeia hoje, mas a palavra que veio do fundo da história e da terra não poderá ser mais arrancada pela soberba do poder. Nós nascemos da noite. Nela vivemos. Morreremos nela. Mas a luz será amanhã para os mais, para todos aqueles que hoje choram à noite, para quem é negado o dia, para quem é presente a morte, para quem tem proibida a vida. Para todos a luz. Para todos, tudo. Para nós a dor e a angústia, para nós a alegre rebeldia, para nós o futuro negado, para nós a dignidade insurrecta. Para nós, nada.

162   7 As artes

Foi também nesses primeiros anos que começaram a ser estabelecidos importantes vínculos não apenas políticos, mas também artísticos, com criadores e lutadores de outras geografias. Em agosto de 1997, por exemplo, aconteceu um importante encontro entre artistas zapatistas e artistas chicanos de Los Angeles, Califórnia, em Oventic, na região de Los Altos de Chiapas. *Chicano* é uma identidade política adotada por muitos filhos de mexicanos e outros imigrantes latino-americanos nascidos nos Estados Unidos: uma identidade híbrida que reivindica sua justa e equitativa participação na sociedade estadunidense, mas mantendo sua diferença como um povo com características próprias e vínculos vivos com o México e a América Latina. De certa forma, são reivindicações muito similares às dos povos originários do México: o direito de serem mexicanos com suas particularidades, suas línguas, suas culturas, seus sistemas organizativos. Como diz o rapper chicano Olmeca: "Ser indígena no México é como ser pessoa de cor nos Estados Unidos. Para nós, o zapatismo é muito pessoal". Esse encontro de quatro dias, um de cujos eixos foi a relação entre a arte e a autonomia, foi uma semente que floresceu e permanece viva até hoje entre os artistas chicanos sobretudo de Los Angeles. No documentário de rádio *Ritmos de Zapata*,[114] exploramos o movimento musical chicano-zapatista, em uma grande diversidade de gêneros e estilos, vinculado a ações de luta e autonomia nos bairros latinos do leste de Los Angeles. Esse movimento é em muitos sentidos resultado desse encontro em Oventic em 1997.

Em 2012, produzimos o CD *Las voces rebeldes del Otro Lado*, com dezenove músicas de inspiração zapatista produzidas por músicos dos Estados Unidos.[115] Nesse ano, também, como parte da campanha "Milhares de raivas, um coração: Vivam as comunidades zapatistas", músicos de muitas partes do México e do mundo contribuíram para criar a coleção "Rola la lucha zapatista", com 73 músicas.[116]

Outra troca importante foi a série de encontros entre artistas das Panteras Negras dos Estados Unidos — em particular Emory Douglas, ex-ministro da Cultura do Partido das Panteras Negras —, e artistas zapatistas, que aconteceram em Chiapas entre 2012 e 2014.

114   Disponível em https://radiozapatista.org/?p=776.

115   Disponível em https://radiozapatista.org/?p=5474.

116   Disponível em https://radiozapatista.org/?p=5518.

Os encontros, que indagaram o papel da arte revolucionária, resultaram no projeto Zapantera Negra,[117] uma série de trocas artísticas, onde artistas zapatistas reinterpretaram a arte dos Panteras Negras, em especial os cartazes de Emory Douglas, e vice-versa. O fato de que a ponte entre esses dois movimentos sociais com tanto em comum, apesar das diferenças geográficas, temporais e de contexto social e político, tenha sido construída através da arte é muito significativo.

Festival CompArte 2018, Sementeiro Comandanta Ramona, Caracol de Morelia, agosto de 2018. Foto: "Frijolito" para Rádio Zapatista.

Além das iniciativas concebidas explicitamente para criar vínculos com artistas de outras geografias, o levantamento zapatista inspirou um grande movimento artístico no México e em muitas partes do mundo. Vários aspectos contribuíram para seduzir o imaginário sobretudo de jovens artistas. Por um lado, no contexto do fim da Guerra Fria e da crise das esquerdas, o zapatismo trouxe os ares de uma nova esperança. O caráter lúdico do zapatismo, mesmo no contexto violento da guerra de contrainsurgência, o caráter performático das ações, incluindo o próprio levantamento, seus símbolos tão reconhecíveis (o *pasamontañas*, o *paliacate* — bandana —, o caracol, o milho etc.) e a linguagem lúdica, poética, com um forte hibridismo da linguagem erudita (às vezes cervantina) e da

---

117   Ver Mark James Léger e David Tomas (orgs.), *Zapantera negra: an artistic encounter between Black Panthers and Zapatistas*, Brooklyn, Common Notions, 2017.

164   7 As artes

linguagem indígena, com a concomitante fusão das cosmovisões ocidental e indígena maia, nos comunicados de Marcos, cativaram o imaginário da juventude e levaram à criação de uma grande profusão de obras, sobretudo nas artes plásticas e na música.

A relevância desse fenômeno é imensa e vai muito além da própria produção artística. Em um país profundamente racista, o indígena, até 1994, era relegado no imaginário coletivo a um passado glorioso pré-hispânico e a uma realidade contemporânea de suposto primitivismo, ignorância e atraso. Na minha infância, frases como "deixe de ser índio", o que queria dizer "deixe de ser burro", e outras bem piores, eram comuns. O imaginário criado pelo levantamento zapatista do indígena digno, rebelde, eloquente, profundamente contemporâneo na sua sabedoria ancestral, expresso depois por todo tipo de criadores nas artes plásticas, na literatura, na música, na poesia, na performance, representou uma verdadeira revolução cultural cujos efeitos são visíveis hoje nos muitos movimentos de reivindicação cultural dos povos originários. Hoje, essa revolução cultural também é visível na extraordinária produção de cinema, literatura, artes plásticas e mais por parte de criadores indígenas, mesmo que não diretamente relacionados ao zapatismo. Em Chiapas, hoje, a produção artística mais relevante é sem dúvida a dos criadores maias e zoques, que trabalham temáticas contemporâneas, muitas vezes relacionadas à defesa da terra e do território e à justiça social, a partir de um olhar fundamentado na cosmovisão e na ancestralidade próprias, com linguagens e estéticas híbridas extremamente criativas.

Em termos musicais, logo depois do levantamento, organizaram-se grandes concertos em solidariedade com a luta zapatista, sobretudo na Cidade do México. Mas logo depois a criação musical extrapola o âmbito da solidariedade. Como aponta Hermann Bellinghausen,[118] o levantamento acontece em um momento de muita vitalidade do rock mexicano e latino-americano, e muito cedo muitos músicos começam a incorporar temáticas zapatistas nas suas composições. Inclusive, músicos como Manu Chao começam a incluir as próprias vozes zapatistas nas suas músicas. A lista de músicos que têm se apropriado do imaginário zapatista em suas composições é imensa.

---

118   "30 aniversario del EZLN/ El arte y los zapatistas", 25 dez. 2023, em https://www.youtube.com/watch?v=7HdTs5-8vZM.

Em termos de artes plásticas, logo depois do levantamento começam a surgir expressões diversas em muitas partes do mundo com gravuras, cartazes, grafite, pintura mural. A arte de Beatriz Aurora, e, mais recentemente, do Gran OM, se tornou representativa do zapatismo, embora haja muito mais criadores que vêm produzindo arte inspirada pelo movimento e seus ideais. O mesmo acontece com a fotografia.

Desde o início, muitos escritores importantes chegaram ao território zapatista. Autores como Eduardo Galeano, John Berger, Juan Gelman, José Saramago e outros criaram vínculos importantes com o zapatismo. Posteriormente, já neste século, o zapatismo inspirou, direta ou indiretamente, um grande número de escritores indígenas com uma produção literária contemporânea muito importante, inclusive em línguas próprias. A dignificação do ser indígena derivada do levantamento e das ações e comunicações posteriores pelo EZLN preparou o caminho para que muitos criadores retomassem suas origens, questionassem o que significa ser indígena e decidissem usar a palavra, tão longamente negada aos povos originários, para indagar não apenas sua própria condição, mas a sociedade mexicana e latino-americana mais ampla, a partir do seu olhar singular. Trata-se de uma insurgência cultural com uma grande diversidade de temáticas, estilos e mecanismos estéticos, que oferece não apenas uma perspectiva inovadora sobre a realidade indígena, mas também uma provocação para pensarmos o nosso mundo a partir de um olhar diferente. Na minha opinião, há semelhanças muito interessantes entre esse fenômeno e o movimento de literatura marginal/periférica/divergente do Brasil.[119]

Em termos da própria produção artística zapatista, a pintura e a arte mural, que no início contavam com a participação ativa de artistas de fora, começou a se desenvolver com uma estética própria, sobretudo na região de Morelia. Ao mesmo tempo, ainda na década de 1990, começou a surgir uma importante produção autônoma de documentários, a partir da formação de videastas zapatistas pela organização Promedios de Comunicación Comunitaria. Na música, muitos grupos musicais zapatistas surgiram desde cedo, muito populares nas comunidades.

---

119 Ver Alejandro Reyes, *A literatura periférica/marginal do Brasil*, Rio de Janeiro, Aeroplano, 2013.

166   7 As artes

Mas é a partir de 2016 que o papel das artes se torna um eixo fundamental do zapatismo, impulsionando um processo criativo importante nas próprias comunidades, sobretudo entre os jovens, e criando vínculos potentes com artistas de muitas partes do mundo. Como dissemos, os festivais de arte CompArte aconteceram em 2016, 2017 e 2018, e mais um dedicado à dança em 2019. Trata-se de eventos massivos com uma duração em média de uma semana, cada um com um formato diferente. Todos, porém, inteiramente autônomos, gratuitos para um público de vários milhares de pessoas, com apresentações nas áreas das artes cênicas (dança, teatro, performance, marionetes etc.), artes plásticas (escultura, pintura, pintura mural, grafite, bordado, arquitetura, fotografia, estêncil, desenho gráfico e muito mais), audiovisuais (cinema, vídeo, fotografia digital), música em todos os gêneros imagináveis, poesia e literatura, além de todo tipo de oficinas criativas. Só no primeiro CompArte, participaram 1127 artistas mexicanos e 318 artistas de 44 países dos cinco continentes. Por parte dos zapatistas, estavam previstos 1819 artistas e 1566 "escutas-videntes" (dedicados a olhar e escutar, munidos de caderninho e caneta, para depois voltar às suas comunidades e compartilhar as vivências e aprendizados com todas e todos aqueles que não puderam assistir). Porém nesse ano houve um levantamento do magistério no sul do país perante as desastrosas reformas educativas que o governo federal tentava impor, resultando em grandes mobilizações em vários estados e muita repressão. Por isso, o EZLN decidiu doar ao magistério os fundos previstos para a alimentação e o transporte dos artistas e escutas-videntes zapatistas, enviando um total de dez toneladas de alimentos para apoiar os plantões permanentes dos professores. Para não cancelar a participação zapatista, além dos sete dias de eventos no Cideci--Universidade da Terra em San Cristóbal, organizaram eventos nos cinco caracóis existentes naquele momento, onde apresentaram uma parte das artes zapatistas planejadas originalmente.

O segundo CompArte consistiu em cinco dias no Cideci, dedicados aos artistas não zapatistas, e dois dias no Caracol de Oventic dedicados à arte zapatista. O terceiro aconteceu inteiramente no Caracol de Morelia, com apresentações misturadas entre arte zapatista e não zapatista.[120] O CompArte de dança "Báilate otro mundo"

---

120   A cobertura completa dos três CompArtes, com registro fotográfico e em áudio de todas as atividades, está disponível em https://radiozapatista.org/?page_id=16981.

consistiu em quatro dias no Caracol de Tulan Kaw (no teatro A Baleia, construído para o segundo festival de cinema, com capacidade para mais de mil pessoas), e dois dias no Cideci, onde naquele momento operava já o Caracol Jacinto Canek.[121]

Como realizar eventos dessa magnitude, com tão extraordinária quantidade de artistas e um público de milhares de pessoas, de forma inteiramente autônoma e gratuita, sem recorrer às instâncias culturais do governo nem a editais de qualquer tipo? Pode-se conceber algo similar em qualquer outro contexto? Dizem os Subcomandantes Moisés e Galeano, com o habitual senso de humor:

> De onde saiu o dinheiro? Do registro no INE [Instituto Nacional Eleitoral]? Do programa Prospera [programa assistencialista do governo federal]? Do crime organizado ou desorganizado? Do mau governo? De alguma ONG? De uma potência estrangeira interessada em fomentar as artes para desestabilizar a tranquilidade no México? Não, *compas*, o dinheiro saiu do trabalho dos coletivos de produção dos povoados, regiões e zonas, assim como dos MAREZ e das Juntas de Bom Governo. Ou seja, é dinheiro limpo, obtido como o obtém a imensa maioria do povo do México e do mundo: do trabalho.[122]

Além da questão econômica, realizar esses eventos envolve um longo e extraordinário processo organizativo por parte do EZLN e das comunidades zapatistas. Logística de transporte, alimentação, segurança (considerando que em Chiapas se vive uma guerra "de baixa intensidade"), construção de infraestruturas, equipamentos de som e vídeo, montagem de cenários, inscrição, organização e exibição de obras de artistas não zapatistas (determinação dos espaços e tempos de apresentação), criação e seleção das obras zapatistas a serem apresentadas (muitas delas coletivas), divulgação nas mídias zapatistas etc. Isso tudo através de um processo que envolve assembleias e mais assembleias nas muitas comunidades do território rebelde. Esses processos, em si, são exercícios de democracia viva e lições de vida para todas e todos os participantes.

Ao mesmo tempo, há também uma grande mobilização por parte do que os zapatistas chamam "sociedade civil organizada": coletivos e indivíduos solidários que investem seus próprios recursos e tempo pelo bem comum. Encontram-se ali os artistas, que não

---

121   Cobertura disponível em https://radiozapatista.org/?page_id=32707.

122   Subcomandantes Moisés e Galeano, "EZLN: el Festival CompArte y la solidaridad", jul. 2016, em https://enlacezapatista.ezln.org.mx/2016/07/06/el-festival-comparte-y-la-solidaridad/.

168　7 As artes

recebem nenhum pagamento e que assumem os custos da viagem com seus próprios recursos. Estão todos aqueles que disponibilizam qualquer espaço possível em suas casas para oferecer hospedagem solidária. As equipes que apoiam na logística do transporte do aeroporto de Tuxtla Gutiérrez a San Cristóbal e de San Cristóbal ao Cideci ou aos caracóis. As equipes técnicas que apoiam na instalação dos equipamentos de luz e som, instalação dos cenários etc. E estão os coletivos da mídia livre, que com seus próprios recursos fazem a cobertura de eventos de grande importância que, no entanto, a mídia comercial não tem interesse em cobrir. À diferença da mídia comercial, esses coletivos não trabalham isoladamente nem competem entre si pela primazia das coberturas; ao contrário, colaboram entre si, compartilhando materiais e muitas vezes realizando coberturas coletivas.

Em termos das obras apresentadas, não há nenhum critério obrigatório ou sugerido sobre o que pode ou deve ser incluído.

> Às Artes ninguém deve dar ordens. Se há um sinônimo de liberdade, talvez o último reduto da humanidade em situações limite sejam as artes. Nós, os zapatistas, não podemos nem devemos, sequer passou pela nossa cabeça, dizer aos trabalhadores da arte e da cultura quando devem criar e quando não. Ou pior ainda, impor-lhes um tema, relacionado aos povos originários em rebeldia, "revoluções culturais", realismos e outras arbitrariedades, que o único que escondem é "um comissário de polícia" que determina qual é a boa arte. Para nós, zapatistas, as artes são uma esperança de humanidade, não uma célula militante. Pensamos, sim, que nos momentos mais difíceis, de mais desilusão e impotência, as Artes são as únicas capazes de celebrar a humanidade.[123]

Entretanto, sem que isso seja uma decisão consciente, o que observamos é que quase todas as obras apresentadas têm duas características muito particulares: 1) a "matéria-prima" da qual se alimentam é justamente a dor dos tempos tormentosos que vivemos; 2) o que se pretende com o ato criativo é fomentar a reflexão sentipensada a partir da vivência artística, com seu potencial curativo e emancipatório, tanto individual quanto coletivo.

Examinamos aqui um exemplo entre tantos: a performance "Não sou pessoa, sou borboleta", de Lukas Avendaño,[124] apresentada no CompArte 2017 no Cideci-Universidade da Terra. Lukas é performer

---

123　Ibidem.

124　Registro da performance no CompArte disponível em https://vimeo.com/234927531.

169 Alejandro Reyes

e antropólogo indígena zapoteca do estado de Oaxaca, que se assume como *muxe*. Para os zapotecas, desde os tempos pré-colombianos, os *muxes* representam um "terceiro sexo": pessoas que nasceram com o sexo masculino, mas que se identificam com papéis de gênero não masculinos. Diferentemente do resto da sociedade mexicana, entre os zapotecas os *muxes* são aceitos e respeitados.

O intuito da peça, como Avendaño explica em entrevista à Rádio Zapatista,[125] é derrubar fronteiras e insurgir-se contra a hegemonia. O próprio título da obra já diz muito. As belas borboletas monarcas migram todo ano entre o México e o Canadá, passando pelos Estados Unidos, e não conhecem fronteiras. Portanto, uma das fronteiras que Avendaño tenta derrubar são as nacionais, sobretudo no contexto da presidência de Donald Trump nos Estados Unidos naquele momento e as suas brutais políticas anti-imigração. "Se eu não fosse pessoa e fosse borboleta", explica, "poderia migrar onde eu quisesse". Mas *mariposa* ("borboleta" em espanhol) também é uma forma pejorativa de designar os homossexuais no México. Então, trata-se também de um desafio às fronteiras de gênero, num país com uma cultura fortemente homofóbica, machista e violenta contra o que os zapatistas chamam de "outros amores". A terceira fronteira, explica Avendaño, é a que separa a utopia da realidade. "A Rebeldia é uma borboleta que se lança ao mar", escreveu o Subcomandante Marcos[126] em outubro de 2002. "A Utopia é uma borboleta que se lança ao mar", reinterpreta Avendaño. Naquele mar ao qual a borboleta ousa se lançar não há ilhas nem nenhum outro lugar onde pousar. Quando a borboleta se cansa, ela cai e morre, e seus restos ficam flutuando. Mas depois vem outra "borboleta utópica", conta Avendaño, e quando ela se cansa, pousa nos restos da borboleta que a precedeu, e assim pode descansar e continuar por um tempo, até que ela se cansa e cai também. Mas atrás dela vem outra... É assim que se constrói a utopia. "O fato de eu estar aqui, neste CompArte", diz Avendaño, "é graças a outras borboletas utópicas que vieram antes de mim". Os zapatistas também existem graças às borboletas utópicas que os precederam. E outras borboletas utópicas virão. Essa certeza faz com que os nossos passos e as nossas lutas, que às vezes parecem destinados ao fracasso, cobrem sentido. "Este lugar", conclui Avendaño,

---

125 Disponível em https://radiozapatista.org/?p=22032.
126 Disponível em https://palabra.ezln.org.mx/comunicados/2002/2002_10_12.htm.

referindo-se ao Cideci e ao CompArte, mas também a todos os caracóis e todos os eventos organizados pelos zapatistas, "é um santuário de borboletas utópicas".

Pouco menos de um ano depois desse evento, em maio de 2018, Bruno Avendaño, o irmão de Lukas Avendaño, foi vítima de desaparecimento forçado. Meses transformaram-se em anos numa procura infrutífera no fervor da raiva e da impotência perante a incompetência e a indolência das autoridades de todos os níveis governamentais. Lukas criou então a performance "Buscando a Bruno", que apresentou no consulado mexicano em Barcelona, na frente da Procuradoria Geral da República no México e em muitos outros locais, para pressionar o governo mexicano a realizar uma busca séria, em um país onde o desaparecimento forçado adquire proporções devastadoras. As performances não se dirigiam apenas ao desaparecimento do seu irmão, mas aos mais de 40 mil desaparecidos (naquela época, hoje estima-se que são 110 mil) no país, e também às muitas outras violências que fazem "desaparecer" os "descartáveis" sociais antes mesmo do seu desaparecimento físico. A pressão pública gerada pelas performances de Lukas, finalmente, funcionou. Em novembro de 2020, o corpo de Bruno foi achado numa vala comum clandestina no estado de Oaxaca, perto da sua comunidade de origem.

Em termos das artes zapatistas, elas concentram-se sobretudo nas áreas de música, poesia, teatro, dança, performance, pintura, escultura, bordado e produção audiovisual. Um dos eixos dessa produção artística é a memória. Por um lado, recuperar a historiografia nacional para reescrevê-la a partir da perspectiva dos que estão abaixo. Por outro lado, manter viva a memória das comunidades indígenas de Chiapas e da própria luta zapatista, dando sentido à construção contínua da autonomia, sobretudo entre os jovens. Assim, uma das temáticas recorrentes é a vida nas fazendas antes do levantamento e o cotidiano da vida em liberdade e com autonomia. A maioria dos artistas zapatistas que se apresentaram nos CompArtes são jovens que nasceram e cresceram no zapatismo, que não conheceram a violência das fazendas, o racismo da educação pública, o descaso criminal da saúde oficial. No entanto não deixa de surpreender a insistência com que a temática da liberdade está repetidamente presente nas obras apresentadas. Os jovens, mesmo não tendo passado por isso, lembram os tempos da escravidão através da memória dos anciãos. Lembram o que não viveram, e impregnam essa memória com a vitalidade da juventude. Os jovens rappers que participaram com Van-T de Magistério[127] no último dia do CompArte 2018, por exemplo, perante um público majoritariamente também de jovens zapatistas extasiados não mais pelos *corridos* tradicionais, mas pela cadência sincopada do hip-hop, falaram em suas rimas da memória, dos sete princípios do mandar obedecendo, da fundação dos caracóis, da vida como luta, resistência e rebeldia, do valor dos avós (borboletas utópicas), que fizeram com que suas vidas pudessem ser o que são. Ao ver e escutar esses jovens, percebe-se uma tradição em movimento, uma renovação geracional que não é ruptura, mas um presente que se lança ao futuro com os pés firmemente plantados no passado e no respeito por uma longa trajetória de luta que dá sentido ao seu próprio caminhar.

As obras (sejam visuais, musicais ou teatrais) realizadas pelas comunidades se constituem em um importante acervo de teor testemunhal, a partir do qual a juventude pode estabelecer um contato sensível com a trajetória zapatista, compreendendo que, apesar da exclusão, do racismo e da violência, são integrantes de uma coletividade que criativamente vem se insurgindo em busca da autonomia. Essa compreensão estabelecida pela arte não se constitui, entretanto, em um processo passivo. Convidados a criar, os jovens artistas rebeldes passam a ser recriadores da história zapatista. Não se trata, portanto, do acesso a um passado glorioso e estanque, mas de uma atualização persistente e incansável, vigorosa e alegre.

Esses encontros se tornam também espaços para compartilhar e celebrar, para esperançar em coletivo. O CompArte 2018, no Caracol de Morelia, aconteceu em agosto, que é tempo de chuvas em Chiapas. Quando chove, dir-se-ia que se trata do dilúvio universal (que arrasou, desde o primeiro dia, a maioria das barracas de camping). Nessas condições, todos os dias, em algum momento da tarde, era necessário suspender as atividades até a chuva passar. Então, nos palcos, ao lado, embaixo deles, nas vendinhas e *comedores*, nos barracões de hospedagem e em qualquer outro lugar possível, se congregavam grupos espontâneos de músicos e outros artistas que transformavam o dilúvio em razão para compartilhar, cantar, dançar, rir e conviver. Esses momentos se transformaram, assim, em símbolo do que pode a vida... o florescer da alegre rebeldia no meio da tormenta, aconteça o que acontecer. Essa é, quiçá,

---

127 Famoso rapper mexicano, um dos participantes no CompArte, que fez uma oficina de rap com os jovens zapatistas e se apresentou com eles no último dia do festival. Áudio disponível em https://radiozapatista.org/?p=27744.

172   7 As artes

uma das características mais memoráveis desses eventos: a persistência da alegria e da celebração no contexto de tantas adversidades, de tanta violência e tanta dor.

Nos últimos anos, a arte tem estado presente em todos os eventos zapatistas. Em 2021, a "invasão" da Europa pelo EZLN foi precedida por uma série de eventos artísticos, performáticos, simbólicos e espirituais em três caracóis, antes de a caravana seguir para o porto de Isla Mujeres, de onde partiu o Esquadrão 421 a bordo do navio La Montaña. No sementeiro Comandanta Ramona do Caracol de Morelia, nas montanhas de Chiapas, renomeado bem-humoradamente na ocasião como Centro de Treinamento Marítimo-Terrestre Zapatista, o grande auditório foi transformado em um imenso navio, com os dizeres "*¡Despertad!*" ("acordem!") no flanco. Artistas zapatistas criaram belíssimas esculturas e bordados com a temática da Travessia pela Vida e maquetes do navio La Montaña e das caravelas de Cristóvão Colombo, e quatro canoas lavradas e pintadas representando a ancestralidade maia; a clandestinidade e o levantamento armado; a construção da autonomia; e a infância zapatista (essa última pintada e decorada por crianças). Essas canoas viajaram com o Esquadrão 421 à Espanha e terminaram expostas no Museu Rainha Sofia em Madri, em uma sala batizada "Outro mundo é possível". Evidentemente, o caráter performático da ação é também uma forma de criatividade artística, combinando a ancestralidade na forma de rituais de origem maia com a estética zapatista e referências ao "descobrimento" e à conquista. Isso, junto com os comunicados do Subcomandante Galeano, com uma poética também híbrida que atualiza a ancestralidade maia para a contemporaneidade, acompanhados de imagens e vídeos diversos e muito criativos: alguns mostrando rituais de despedida, imagens de bordados e de desenhos feitos pelas crianças Defensa Zapatista e Esperanza Zapatista, outros mostrando os preparativos, incluindo alguns muito engraçados mostrando a construção da precária jangada com a qual supostamente atravessariam o Atlântico. Eis um trecho de um dos comunicados, titulado "A rota de Ixchel"[128]:

> De uma das casas de Ixchel, a mãe do amor e a fertilidade, a avó das plantas e dos animais, mãe jovem e mãe anciã, a raiva na qual a dor da terra se transforma quando é ferida e maculada, partirá La Montaña.

---

128   Disponível em https://enlacezapatista.ezln.org.mx/2021/04/26/la-ruta-de-ixchel/.

Conta uma das lendas maias que Ixchel se deitou sobre o mundo na forma de arco-íris. Fez isso para dar ao planeta uma lição de pluralidade e inclusão, e para lhe lembrar que não é só uma a cor da terra, mas muitas, e que todas, sem deixar de ser o que são, juntas iluminam a maravilha da vida. E que ela, Ixchel, a mãe arco-íris, abraça todas as cores e as faz parte dela.

E diz que disse o Velho Antônio:

Do oriente veio a morte e a escravidão. Assim chegou e não tem jeito. Nada podemos mudar do anterior. Mas assim disse Ixchel:
"Que amanhã ao oriente naveguem a vida e a liberdade na palavra dos meus ossos e sangues, minhas crias. Que não mande uma cor. Que não mande ninguém para que ninguém obedeça e que cada um seja o que é com alegria. Porque a pena e a dor vêm de quem quer espelhos e não cristais para espreitar todos os mundos que eu sou. Com raiva haverá de quebrar 7 mil espelhos até que se alivie a dor. Muita morte haverá de doer para que, ao fim, seja a vida o caminho. Que o arco-íris coroe então a casa dos meus filhos, a montanha que é a terra dos meus sucessores".

Isla Mujeres, uma ilha hoje muito turística defronte a Cancún, foi um local de adoração e respeito para a deusa Ixchel antes da chegada dos espanhóis, e lá permanecem ainda as ruínas do seu templo. A "conquista" da Europa pelos zapatistas, então, teria como objetivo não o revide, não a vingança, não a censura. (Sendo 2021 o aniversário de quinhentos anos da conquista espanhola de Tenochtitlán, a capital asteca, alguns meses antes da travessia zapatista o presidente López Obrador tinha exigido uma desculpa oficial por parte da Espanha.) Em vez disso, essa "conquista" ao inverso seria uma oportunidade de compartilhar, com aqueles e aquelas que lutam no velho continente, as sementes de pluralidade, respeito e vida guardadas pelos descendentes de Ixchel, os guardiões das montanhas.

Na celebração do trigésimo aniversário do levantamento, de 30 de dezembro de 2023 a 2 de janeiro de 2024, no Caracol de Dolores Hidalgo, todos esperávamos ansiosos as explicações que o EZLN daria sobre as grandes mudanças na estrutura do governo autônomo e sobre a iniciativa do "comum", descritas nos comunicados publicados em novembro e dezembro de 2023, mas que ainda deixavam muitas dúvidas no ar. E, com efeito, as explicações vieram, mas não da forma como imaginamos. Em vez de uma fala do Subcomandante Moisés ou do Capitão Marcos, nossas dúvidas foram respondidas pelos jovens artistas bases de apoio em diversas peças de teatro (além de danças, música e poesia), nas quais relembraram a história do zapatismo, a criação dos municípios autônomos e das Juntas de Bom Governo, as problemáticas encontradas no caminho, a nova estrutura e a iniciativa do comum, o sentido da noção de "não propriedade" e as dificuldades que se previam. Na entrada do espaço, uma exposição de umas cinquenta pinturas em tela de grandes dimensões fazia um percurso pela história do zapatismo, da clandestinidade até o presente. Artistas não zapatistas também participaram com projeções de cinema (a Rádio Zapatista apresentou filmes do cineasta boliviano Jorge Sanjinés), exposições de fotografia e cartazes, poesia e música. Um grande contingente de milicianas muito jovens, com uniformes novos e mochilas de pano brancas com uma colorida imagem de uma menina zapatista montando uma bicicleta e as palavras *"Por la vida"*, fizeram uma performance de disciplina militar frente a um batalhão de milicianos homens, para finalmente desbandar em uma alegre dança ao ritmo de cúmbia.

30° aniversário do levantamento zapatista, Caracol de Dolores Hidalgo, 30 de dezembro de 2023. Foto: Rádio Zapatista.

Em agosto de 2024, diversos textos do Capitão Marcos e alguns do Subcomandante Moisés começaram a ser publicados no site do Enlace Zapatista, como prelúdio ao convite a uma série de seis encontros com a temática "A tormenta e o dia depois", que aconteceriam a partir de dezembro de 2024, continuando até dezembro de 2025. No primeiro deles, os zapatistas iriam apresentar seu "diagnóstico sobre a tormenta e a genealogia do comum para enfrentar o dia depois" através de palestras, além de obras de arte de jovens criadores zapatistas. O segundo seria dedicado à "música, teatro, pintura, dança, escultura e literatura do dia depois". O terceiro seria um encontro de artes e ciências com a temática do dia depois, tudo "só com instrumentos não elétricos e com materiais não comerciais, no terreno, sem internet, sem combustíveis fósseis". O quarto, "encontros sementeiros: caminhos, ritmo, companhias e destinos para o caminho o Dia Depois". O quinto, "caminhada-rodada-cavalgata--voada aberta em homenagem aos nossos anteriores", com altares do dia dos mortos etc., a acontecer "nas partes e no todo do planeta Terra". E o sexto, um "sementeiro sobre a Tormenta e o Dia Depois", com palestras de pessoas convidadas. Ou seja, um ano de provocações sobre a crise civilizatória que atravessamos e de reflexões sobre como nos prepararmos para o "dia depois", isto é, para construir um mundo mais justo e mais digno, "onde nenhuma mulher tenha de crescer com medo", das ruínas da devastação atual. Eis um trecho do primeiro texto, titulado "Recomeçamos?", assinado pelo Capitão Marcos, no qual ele volta à ancestralidade maia para refletir sobre a crise em curso, retomando as figuras de Votán, o guardião; Ik', o senhor do vento; e Ixmucané, a deusa mãe dos maias:

> Dizem que dizem que contam que narra uma lenda ainda por escrever, que houve uma reunião e que a ela convocaram a família de Votán, guardião e coração do povo. E assim disse a montanha:
> "Minhas crias, as mais queridas, já vem o que leram antes em minhas peles e cabelos. O vento irmão, o senhor Ik', traz notícias ferozes de outra tempestade, a mais mortal de todas. Já sabemos. E cabe a toda a família resistir e defender. Vocês são os guardiões que foram criados para proteger. Sem vocês, morremos e vagamos sem sentido. Sem nós, vocês se tornam seres perdidos, com apenas vazio no coração e sem esperança em sua existência. Conta Ik' o que seu coração viu: que, no céu e na terra, os animais compartilham a inquietação e a angústia.
> Escutam-no no Cauca e nos bairros da Eslovênia. No Japão e na Austrália. No Canadá e em SLUMIL K'AJXEMK'OP. Na Noruega, na Suécia, na Dinamarca e na Nicarágua que nem se rende, nem se vende, jamais! Em La Polvorilla e na ferida que o trem transístmico, chaga supurante, faz no coração dos originários que lutam. Nas pátrias que a guerra multiplica como desgraças e em quem tem os Braços Abertos para socorrer o desvalido. Em Ostula e na Groelândia. No Haiti torturado e nos cenotes maias manchados pelos trilhos da demagogia. Nos deslocados e no despejado da vida pela extorsão. Na @ libertária que adverte, há tempos, que o Estado não é solução, mas problema. Na menina palestina que com essa bomba recebeu a incógnita da vida... e a certeza da morte.

176   7 As artes

Assim falam ao irmão povo Saami, ao mapuche, ao cigano com a casa às costas, ao originário de todas as terras e mares, a quem luta e resiste na terra que cresce para cima, ao pescador que no mar lavra a vida. Contam para meninas que entendem a língua esquecida. Para meninos de olhar sério. Para mulheres que buscam ausências forçadas. Para as pessoas idosas que maquiam suas cicatrizes como rugas dolorosas. Para quem não é nem ele nem ela e que se dane Roma. Para todos os seres humanos que, como o milho, têm todas as cores e, na mesa, no chão, no colo, têm todos os modos.

Mas nem todos escutam. Apenas quem olha longe e fundo entende o que essa palavra que fala Ixmucané, a mais sábia, diz e adverte.

Assim, busquem o modo, minhas crias. E busquem o quem. Levantem a palavra com o senhor Ik' em uma mão e meu coração na outra. Lembrem ao mundo que a morte e o amanhã se gestam nas sombras da noite. A luz se forja na escuridão."[129]

A escuridão. A escuridão parece avançar sobre o mundo, implacável. E Chiapas parece ser laboratório vivíssimo do que pode a maquinaria de destruição. Em 16 de outubro, o Subcomandante Moisés anunciou que suspenderiam toda comunicação sobre os próximos eventos e que eles possivelmente seriam cancelados, por não haver "segurança para os assistentes em nenhum lugar de Chiapas". Explicou que moradores de uma comunidade chamada Palestina, incitados pelos governos municipal e estadual, estavam invadindo terras da comunidade zapatista 6 de Octubre (uma das sedes planejadas para os encontros) e ameaçando expulsar os zapatistas dessas terras, recuperadas no levantamento de 1994 e ocupadas por eles pacificamente durante mais de trinta anos. Nesse tempo todo, nunca houve nenhuma fricção ou desencontro com as comunidades não zapatistas vizinhas. Agora, porém, com o governo de suposta esquerda da "quarta transformação", a duas semanas do início da tão aclamada presidência de Claudia Sheinbaum, a violência estoura na região. As tentativas de diálogo por parte das instâncias do governo autônomo foram em vão; os agressores afirmaram ter um acordo com o governo, em conivência com o crime organizado, para "dar caráter 'legal' a essa espoliação".[130] Essa parece ser a estratégia de contrainsurgência atual: provocar conflitos com outras comunidades pela posse da terra para arrebatar aos zapatistas as terras recuperadas e, assim,

---

129 Disponível em https://enlacezapatista.ezln.org.mx/2024/08/02/recomecamos/.

130 Ver a denúncia publicada no site da Teia dos Povos, em https://teiadospovos.org/comunidades-zapatistas-sob-ataque/.

destruir a autonomia, se utilizando ao mesmo tempo da violência e do poder de fogo do crime organizado.

Quatro dias depois, em San Cristóbal de Las Casas, o muito querido Padre Marcelo Pérez, incansável lutador pela paz e pelos povos de Chiapas, foi assassinado por sicários a bordo de uma motocicleta. O assassinato sacudiu as comunidades em todo o estado com dor e indignação, e sua morte foi entendida como um duro golpe às possibilidades de recuperar a paz em Chiapas.

Mas, como diz o Capitão Marcos que diz a lenda que diz a montanha, a luz se forja na escuridão. Os zapatistas continuam resistindo com rebeldia, com arte e com criatividade. Escritores, pintores, escultores, poetas, músicos e cineastas indígenas criam uma profusão de obras de grande profundidade para enfrentar a decomposição social, tão perceptível em suas comunidades. Escritores e artistas em muitas geografias teimamos em continuar lavrando outros mundos possíveis. Temos a impressão, muitas vezes, de estarmos perdendo a batalha. Mas a tormenta é assim, como o zapatismo tem insistido por mais de uma década, e há ainda muita destruição e muita dor pela frente. No meio dela, é preciso forjar essa luz na escuridão capaz de manter vivas as sementes que haverão de florescer das cinzas do nosso desmundo. Os nossos filhos, e os filhos dos nossos filhos, merecem.

Festival CompArte 2018, Sementeiro Comandanta Ramona, Caracol de Morélia. Foto: "Frijolito" para Rádio Zapatista.

OUTRO MUNDO É POSSÍVEL

O *pasamontañas* esconde o rosto, deixa ver só os olhos; mas os olhos são uma janela ao coração. Chovia no coração do meu *votán*, como chovia no meu. Uma chuva leve, serena, acompanhada por uma névoa que nos abraçava como a névoa abraça geralmente o Caracol de Oventic, nas frias montanhas de Los Altos de Chiapas. Poucas palavras, o abraço sentido, os olhos úmidos como as folhas dos pinheiros cintilantes com o orvalho da manhã. Despedida. Uma semana convivendo naquele lugar tão singular cria laços, constrói pontes, planta sementes no coração. Depois, a volta à cidade, ao nosso mundo dos *caxlanetik*, o mundo da "normalidade" urbana, mestiça, capitalista. Voltar à cidade depois de alguns dias naquele mundo nunca parece "normal". Mas dessa vez o contraste me pareceu ainda mais desassossegador: pelo carinho, pela generosidade, pela profundidade coraçonada da convivência com esse outro mundo possível. Não um mundo perfeito, não um mundo ideal... longe disso, ao longo dessa semana, os zapatistas frisaram as dificuldades, as falhas, as deficiências, o *falta lo que falta*. Mas um mundo outro, sem dúvida: uma utopia em construção. Um mundo no qual milhares de pessoas são capazes de fazer um esforço imenso, sem pedir nada em troca, "apenas" para nos presentear um vislumbre desse seu mundo com a esperança de que, talvez, isso possa nos ajudar a enfrentar a dor dos nossos tempos e a construir outras realidades em coletivo.

Imagine: a complicada logística para registrar e distribuir tantas pessoas (quase 6 mil em três datas distintas), cada uma em uma casa diferente de comunidades, algumas muito distantes e de difícil acesso, em todo o território zapatista; o transporte (ônibus, carros, caminhonetes, lanchas e até cavalos em lugares remotos);

a segurança, invisível, mas sempre presente, garantida pelo EZLN, em um amplo território imerso em uma guerra "de baixa intensidade"; a alimentação; a hospedagem; a preparação durante meses dos *votanes* e das famílias que nos receberam; as muitas assembleias para criar os cadernos de estudo em coletivo; os brinquedos e a atenção cuidadosa às crianças; a preparação das comissões de saúde; e tudo o que a gente não sabe, mas que sem dúvida foi necessário para que essa Escolinha da Liberdade segundo @s Zapatistas pudesse acontecer. Isso tudo sem financiamento do Estado ou do capital, realizado com muito esforço por camponeses indígenas com recursos muito limitados, em um dos estados mais pobres do país.

Fazer isso implica uma ética, uma forma outra de sentipensar. Uma ética e um sentipensamento que não cabem no mundo capitalista hegemônico, onde tudo é monetizado, onde os "investimentos" se fazem com a expectativa do "retorno", onde inclusive os editais são financiados por empresas ávidas de projetar uma imagem de "responsabilidade social" (para garantir maiores lucros) e por Estados que entendem que é necessário proporcionar válvulas de escape para a pressão da inconformidade social. O exemplo zapatista, nessa e em todas as iniciativas, revela uma ética de luta e cuidado com a vida inteiramente diferente. É esse o "retorno" do "investimento": a construção de outras formas de viver no meio de um mundo em vias de colapso por causa da lógica do lucro a qualquer custo e do individualismo.

Essa ética de cuidado com a vida implica outra forma de pensar e outra forma de se relacionar com os outros e com o mundo. E isso requer de um processo de descolonização dos valores aos que todas e todos estamos expostos desde que chegamos ao mundo.

O companheiro e intelectual tseltal Xuno López Intzin propõe que há conceitos nas línguas maias, especificamente no tseltal, que podem nos ajudar a construir essa ética outra. Isso não quer dizer que as comunidades indígenas sejam sociedades ideais. Longe disso. Basta ler os extraordinários romances do escritor tsotsil Mikel Ruiz, ou mesmo a autobiografia de Xunká que mencionei no capítulo 6, para entender quão distante a realidade indígena pode ser de um mundo ideal. Também pensamos que é importante não cair na tentação de idealizar o zapatismo, que é um processo em construção, sempre imperfeito, como o próprio Subcomandante Moisés frisou em várias ocasiões. O que Xuno quer dizer é que há, nas culturas originárias, sementes que podem nos orientar na busca por construir

182 Outro mundo é possível

outras realidades perante a tormenta que vivemos. Esses conceitos-
-sementes são o que ele chama de "epistemologias do coração".

Nas línguas maias, o coração (*o'tan* em tseltal) é muito presente.
Para saudar alguém, podemos dizer *bixi awo'tan,* que significa
"como está seu coração?". *Jun ko'tantik*, que literalmente significa
"um nosso coração", quer dizer "somos amigos". E uma forma de
dizer "organizados" é justamente *ko'tantik,* "nosso coração". O sentimento, portanto, tem um papel muito mais central na concepção
da vida que nas culturas ocidentais, de formas bastante complexas. Por exemplo, para dizer "te amo", fala-se *k'uxat ta ko'tan,* o
que literalmente significa "você dói no meu coração". Pode estra-
nhar o fato de o amor se relacionar tão diretamente com a dor. Mas
é interessante perceber a direcionalidade do sentimento. Se eu te
amo, preocupo-me por você, me dói a tua dor. Portanto, amar significa ver pelo bem do outro, fazer tudo o possível para que a pessoa amada esteja bem. Mas *o'tan*, como diz Xuno, pode também
ser um verbo: coraçonar. Assim, *yo'taninel snopel* significa pensar
com o coração ou coraçonar o pensamento (daí nossa insistência
no sentipensar), da mesma forma que *yo'taninel spasel-smeltsanel*
significa agir com o coração ou coraçonar a ação.

Há dois conceitos nas línguas maias que acredito serem muito
potentes para coraçonarmos uma forma outra de sentipensar o
mundo. Um deles é *ch'ulel*, que geralmente se traduz como "alma".
Entretanto trata-se de algo muito mais complexo e mais rico que a
concepção ocidental da alma. *Ch'ulel* é a energia vital que impregna
todos os seres vivos e não vivos. Os seres humanos, as plantas e os
animais, mas também as montanhas, os rios, as pedras, o céu e a
terra, tudo tem *ch'ulel*. É o espírito presente em tudo, tanto nos indivíduos quanto nas coletividades e no cosmo (entendo o *ch'ulel* do
cosmo como algo parecido ao *Wakan Tanka*, o "Grande Espírito" dos
índios lakota dos Estados Unidos). À diferença da "alma" no pensamento ocidental, o *ch'ulel* não é imutável. Ele pode ficar incompleto, pode diminuir de potência, pode se perder, pode ficar preso em
algum lugar. E também pode crescer, se ampliar, se completar. Um
ch'ulel pleno é aquele que está em harmonia consigo mesmo, com os
outros e com o entorno, com tudo o que existe. Em muitas comunidades onde ainda se preservam as tradições ancestrais, quando algo
não anda bem na família ou na comunidade, entende-se que o *ch'ulel*
coletivo não está bem. Quando isso acontece, como mencionamos
ao falar da justiça autônoma zapatista, é necessário fazer rituais para
reintegrar o *ch'ulel* e reestabelecer a harmonia.

Restaurar o *ch'ulel* coletivo implica a palavra. Não há, em tsotsil e tseltal, um termo específico para denominar o tsotsil e o tseltal. Em ambas as línguas, fala-se *bats'i k'op*: "palavra verdadeira". A palavra verdadeira, aquela que contribui para reintegrar o *ch'ulel*, é horizontal e coletiva, fundamentada no diálogo e na escuta atenta e honesta, na busca da construção do consenso. É dessa palavra verdadeira que nasce o acordo, e esse acordo dialogado e consensualizado, derivado da palavra verdadeira, é o que está na base da compreensão da democracia que vem sendo construída pelos povos zapatistas.

Outro conceito-semente que implica uma forma muito diferente de entender e se relacionar com o mundo é *ich'el ta muk'*. Entender que tudo o que existe tem *ch'ulel* nos motiva a orientar todas as ações com *ich'el ta muk'*. O conceito pode ser traduzido como "respeito", mas, de novo, trata-se de uma compreensão muito diferente da do respeito ocidental. *Ich'el ta muk'* é o reconhecimento da grandeza de tudo o que existe, justamente porque tudo tem *ch'ulel*. *Ich'el ta muk'* tem evidentemente uma dimensão ecológica. Fazer da Mãe Terra uma mercadoria é impensável, como também é impensável conceber as montanhas, os rios, as florestas, o subsolo como "recursos naturais" a serem explorados visando o lucro. A dor que os povos sentem quando uma empresa mineira destrói uma montanha, quando se envenena um rio, quando desaparecem comunidades e terras sagradas com a construção de represas, não pode ser entendida a partir do pensamento ocidental, pois não se trata apenas da perda material. A montanha, o rio e as terras sagradas têm *ch'ulel*, e nelas vivem os espíritos, os animais protetores, os deuses antigos, os ancestrais; nelas está enterrado o cordão umbilical da pessoa: um vínculo com a terra incompreensível para o olhar ocidental. É por isso que decisões como a que teve de tomar Xunká aos quinze anos de idade é tão inconcebivelmente difícil: "Entendi então que não tinha outra opção senão abandonar meu lugar de origem, o lugar onde estava enterrado o meu umbigo. Cortar minhas raízes que me atavam à terra, porque nessa terra eu não era ninguém".[131] Diz o Subcomandante Marcos:

> Para nós, zapatistas, povos índios do México, da América e do Mundo, a terra é a mãe, a vida, a memória e o repouso dos nossos anteriores, a casa da nossa cultura e nosso modo. A terra é nossa identidade. Nela, por ela e para ela, somos. Sem ela morremos, mesmo que vivamos ainda.

---

131 Juana María Ruiz Ortiz, *Trecientas hormigas*, p. 61.

184 Outro mundo é possível

A terra para nós não é só o solo que pisamos, semeamos e sobre o qual crescem nossos descendentes. A terra é também o ar que, feito vento, desce e sobe por nossas montanhas; a água que os mananciais, rios, lagoas e chuvas vida se fazem em nossos plantios; as árvores e florestas que fruto e sombra nascem; os pássaros que dançam no vento e nos galhos cantam; os animais que conosco crescem, vivem e se alimentam. A terra é tudo o que vivemos e morremos.

A terra para nós não é uma mercadoria, da mesma forma que não são mercadorias os seres humanos nem as lembranças nem as saudações que damos e recebemos dos nossos mortos. A terra não nos pertence, nós pertencemos a ela. Recebemos o trabalho de ser seus guardiões, de cuidá-la, de protegê-la, assim como ela nos tem cuidado e protegido nesses 515 anos de dor e resistência.

Nós somos guerreiros. Não para vencer e subjugar o diferente, o que outro lugar habita, o que outro modo tem. Somos guerreiros para defender a terra, nossa mãe, nossa vida. Para nós, essa é a batalha final. Se a terra morre, nós morremos. Não há amanhã sem a terra. Quem quer destruir a terra é um sistema. É ele o inimigo a vencer. "Capitalismo" é o nome do inimigo.[132]

A luta zapatista, como muitas das lutas dos povos originários organizados da nossa América, é uma luta pela vida. A clareza com que os povos indígenas entendem a crise civilizatória que atravessamos tem a ver com o fato de serem eles os que mais diretamente sofrem os seus efeitos, por ocuparem os territórios mais cobiçados pelo capital no intuito de controlar o acesso aos "recursos naturais". Mas, sobretudo, tem a ver com sua forma de entender a vida e seus potentes vínculos com a Mãe Terra, que vão muito além da sua "utilidade" pragmática. Destruir a terra é matar a vida.

Em 2021, como fundamento para o que seria a Travessia pela Vida à Europa, diversas organizações, coletivos, movimentos, redes e indivíduos de muitas partes de mundo (incluindo a Teia dos Povos), assinaram uma Declaração pela Vida. Nessa declaração, aponta-se para aquilo que une um leque tão amplo e diverso de organizações e indivíduos:

> Fazer nossas as dores da terra: a violência contra as mulheres; a perseguição e desprezo às diferenças em sua identidade afetiva, emocional, sexual; o aniquilamento da infância; o genocídio contra os povos originários; o racismo; o militarismo; a exploração; a espoliação; a destruição da natureza.

---

132 Subcomandante Marcos, "Entre el árbol y el bosque", palavras do EZLN na mesa redonda "Frente al Despojo Capitalista, la defensa de la tierra y el territorio", Cidade do México, 17 jul. 2007, disponível em texto e áudio em https://enlacezapatista.ezln.org.mx/2007/07/18/mesa-redonda--frente-al-despojo-capitalista-la-defensa-de-la-tierra-y-el-territorio-17-de-julio-de-2007/.

O entendimento de que é um sistema o responsável destas dores. O carrasco é um sistema explorador, patriarcal, piramidal, racista, ladrão e criminoso: o capitalismo.

O conhecimento de que não é possível reformar este sistema, educá-lo, limá-lo, domesticá-lo, humanizá-lo.

O compromisso de lutar, em todas as partes e por todas as horas — cada qual em seu terreno —, contra este sistema até destruí-lo por completo. A sobrevivência da humanidade depende da destruição do capitalismo. Não nos rendemos, não estamos à venda e não cederemos.

A certeza de que a luta pela humanidade é mundial. Assim como a destruição em curso não reconhece fronteiras, nacionalidades, bandeiras, línguas, culturas, raças; assim a luta pela humanidade é em todas as partes, todo o tempo.

A convicção de que são muitos os mundos que vivem e lutam no mundo. E que toda pretensão de homogeneidade e hegemonia atenta contra a essência do ser humano: a liberdade. A igualdade da humanidade está no respeito à diferença. Em sua diversidade está sua semelhança.

A compreensão de que não é a pretensão de impor nossa visão, nossos passos, companhias, caminhos e destinos o que nos permitirá avançar, e sim a escuta e o olhar do outro que, distinto e diferente, tem a mesma vocação de liberdade e justiça.[133]

Além da Mãe Terra, *ich'el ta muk'* abraça todos os seres vivos e, evidentemente, toda a pluralidade da vida humana. O "mundo onde caibam muitos mundos" do zapatismo é muito distante da noção de "inclusão das minorias" e da "tolerância da diversidade" liberal, e inclusive das formas em que a "interculturalidade" é implementada na prática pelos governos "progressistas". Não se trata de "tolerar" ou "incluir" o diferente, nem de iniciar diálogos "interculturais" em sociedades em que uma raça, uma cultura, uma compreensão de mundo é hegemônica. Trata-se de politizar a diferença: a diversidade é potência e arma de luta. É da riqueza de todas as cores e todos os pensamentos que emerge a possibilidade de vivermos outros mundos possíveis. "A igualdade da humanidade está no respeito à diferença. Em sua diversidade está sua semelhança", diz a Declaração pela Vida.

Já em 1994, o Subcomandante Marcos escrevia "A história das cores". Nela, o Velho Antônio conta como os deuses criaram as cores, pois era muito entediante viver com só duas: "uma era o negro que mandava a noite, a outra era branco que caminhava o dia,

---

133 "Primeira parte: uma declaração... pela vida", *Enlace Zapatista*, 1° jan. 2021, em https://enlacezapatista.ezln.org.mx/2021/01/01/primeira-parte-uma-declaracao-pela-vida/.

186   Outro mundo é possível

e a terceira não era cor, era o cinza que pintava as tardes e madrugadas para que não pulassem tão duro o negro e o branco". Assim, criam as sete cores, que depois fogem da caixinha onde as guardaram e se amam e se misturam e criam muitas mais, que a *ceiba*, árvore sagrada, protege da chuva.

> E então, para não esquecer as cores e para que não se perdessem, [os deuses] buscaram um jeito de guardá-las. E estavam pensando em seu coração como fazer quando viram a arara e então a pegaram e começaram a colocar nela todas as cores e esticaram suas penas para que coubessem todas. E assim foi como a arara pegou cor e a anda por aí passeando, para que os homens e mulheres não esqueçam que são muitas as cores e os pensamentos, e que o mundo será alegre se todas as cores e todos os pensamentos tiverem seu lugar.[134]

Atravessamos um momento de renovado furor fascista pelo mundo. *Democracy Now!* chamou o comício final da campanha para a presidência de Donald Trump na Madisson Square, em finais de outubro de 2024, de "uma orgia de ódio de seis horas", e *The New York Times*, "um carnaval de queixas, misoginia e racismo". Em momentos de precariedade e incerteza como os que vivemos em todo o planeta, se segurar a verdades reducionistas absolutas é fonte de sossego e um falso bem-estar. Encontrar um culpado a quem odiar se torna fonte não só de certeza no meio da incerteza, mas também de superioridade, de supremacia moral. É por isso que é tão urgente construirmos outra ética, outra forma de ser.

O caminhar zapatista, nesse sentido, oferece vislumbres de caminhos outros para a humanidade. A sagração da vida e da Mãe Terra. O respeito profundo (*ich'el ta muk'*) pela pluralidade de cores de que é feita a vida. A palavra verdadeira como o caminho para a compreensão, a harmonia e o acordo entre companheiros e companheiras, em vez da competição e o individualismo. A procura coletiva do *lekil kuxlejal*, a vida digna para todos e todas, que inclui o bem-estar material, mas que vai muito além, fundamentada no profundo respeito pela Mãe Terra e pelos outros. Mais que uma resposta, *lekil kuxlejal* é uma pergunta, uma busca, uma indagação constante do sentido da vida; uma busca que só pode se fazer em coletivo. Como o *ubuntu* sul-africano: "Eu sou porque nós somos".

Uma busca, enfim, coraçonada e alegre pela Terra do Bem Virá.

---

134   Subcomandante Marcos, "La historia de los colores", *Enlace Zapatista*, out. 1994, em https://enlacezapatista.ezln.org.mx/1994/10/27/la-historia-de-los-colores/.

Sobre autorias e movimentos

ALEJANDRO REYES é escritor, tradutor e jornalista independente. Ele é membro fundador do coletivo de mídia livre Rádio Zapatista, que há quase duas décadas vem cobrindo o movimento zapatista. Ele tem morado nos Estados Unidos, na França e nove anos em Salvador, Bahia. Entre seus livros publicados no Brasil estão a coleção de contos Vidas de rua, o romance A rainha do Cine Roma e o ensaio Vozes dos porões: A literatura periférica/marginal do Brasil. Atualmente mora no México.

MESTRE JOELSON FERREIRA tem três décadas de luta por terra e território, foi dirigente nacional do MST e é o idealizador da transição agroecológica que transformou seu assentamento numa referência no país. É idealizador da Teia dos Povos, Joelson Ferreira de Oliveira é: "um homem preto, pai, avô, agricultor, mestre de saberes tradicionais, doutor em Arquitetura e Urbanismo pela Universidade Federal de Minas Gerais (UFMG), liderança do Assentamento Terra Vista (MST)".

•

GLAC é uma palavra aglutinante, uma onomatopeia, o som de uma gosma em colisão com uma superfície lisa. É também uma palavra-tiro que emperra, que explode em si mesma. A GLAC edições iniciou suas atividades em 2019, com um projeto de publicações que se voltam à crítica e subversão política do cotidiano, viabilizando escritas de caráter autonomista por meio da edição e tradução de autorias anônimas estrangeiras, autories nacionais, coletivos, artistas e intelectuais, como forma de debater radicalismos e, principalmente, a importância de uma escrita subjetivo-política que impulsione o leitor à autodeterminação.

RÁDIO ZAPATISTA é um coletivo de mídia livre conformado por comunicadores independentes que acreditam na possibilidade de construir um mundo fora da lógica capitalista de lucro e competição, com justiça, liberdade e dignidade. Nossa inspiração é o exemplo de luta e construção dos povos zapatistas e do EZLN, assim como as lutas e rebeldias de muitas outras geografias.
O coletivo surgiu na área de San Francisco, Califórnia, em 2006, no contexto da Sexta Declaração da Selva Lacandona, conformado por um grupo de ativistas, em sua maioria migrantes e chicanos. Com o tempo, alguns membros migramos para o México, outros saíram, outros se uniram, e hoje estamos em várias geografias do país. Deixamos de transmitir em rádio e consolidamos nosso site (www.radiozapatista.org) como espaço de informação e análise não apenas sobre o zapatismo, mas também sobre movimentos anti-sistêmicos em outras geografias.

188 Sobre autorias e movimentos

Nesse tempo, tecemos redes com outras mídias livres e coletivos de luta de Chiapas, México e o mundo. Ao longo de mais de uma década, temos construído um arquivo histórico com registros sonoros, visuais e escritos de todos os eventos realizados ou promovidos pelo zapatismo.

EDITORA DA TEIA DOS POVOS é uma iniciativa completamente autônoma dos territórios, mestras e mestres e do coletivo de comunicação. Os livros são escritos por lideranças, militantes e anciãs indígenas da Teia, carregados de conteúdos sobre resistência, organização popular, soberanias, saberes da terra e experiências da luta dos povos. Todos os projetos são desenvolvidos através do trabalho militante daqueles que acreditam e constroem o projeto político-ético-espiritual da Teia dos Povos.

•

COMUNICADO FINAL   Em treze anos, tantas mãos moldaram esse projeto que seria impossível nomeá-las aqui. Mas, nesse momento, queremos destacar pessoas que se envolveram profundamente com *Sonhando a Terra do Bem Virá: zapatismo, autonomia e Teia dos Povos*. Este é um agradecimento que nasce nos nossos corações: ao professor Henrique, militante incansável que idealizou o projeto do livro; ao *compa* Alejandro, cuja genialidade transformou ideias em palavras vivas; ao sabedor Mestre Joelson, que não apenas sonha com a revolução, mas acorda e trabalha para torná-la real; ao sempre disposto Spensy, companheiro que não abandonou o pensamento coletivo na construção do texto de Mestre Joelson neste volume; ao talentoso Leonardo, que fez da arte de projetar livros um gesto de resistência; aos queridos Yga e Raissa, que abriram as portas de sua casa e ofereceram sabedoria e acolhimento para dar forma à campanha; e, finalmente, à Marcela, uma sonhadora que não tem dúvidas que o bem virá, a maior cumplice desse projeto, obrigado pela paciência, pelo amor e pelo apoio incondicional desde o primeiro suspiro até o último ponto final.

A editora da Teia dos Povos é, antes de tudo, fruto da união de mentes e corações que, juntos, fazem do ato de comunicar um ato de amor e revolução.

Saudações esperançosas,

Coletivo de Comunicação da Teia dos Povos,
GLAC edições e Rádio Zapatista.

Agradecimentos

Acácio Augusto, Ada Herz, Adriana Angelita Da Conceição, Adriana Bravin, Adriana Brzezinska, Adriana Lippi, Ailma Barros, Airton Andrade Leite, Alana Mendes, Alberto Leonor Oliveira Brito, Alex Leonard Veloso, Alexandre De Sousa Mota, Alfredo Luiz Menezes Portugal Castro, Alice Nin, Aline Cruz Cardoso, Aline Lúcia Nogueira Medeiros, Alvaro Andrei Tedesco Da Silva, Amanda Latosinski Santos De Souza, Amelina Pedrali De Aquino, Ana Clara, Ana Clara Oliveira Fontenelle Ana Helena Quinteiros, Ana Maria De Guadalupe Costa De Matos, Ana Paula Morel, Ana Pereira González, Ana Quézia Santos De Sousa, Ana Rita De Calazans Perine, Anderson Santos, André Brandão, André Luís Delorme, André Ricardo Abbade Liberali, Andrea Desiderio Da Silva, Andréia Rocha, Angelina Taynah Da Rocha Barbosa, Angelina Taynah Da Rocha Barbosa, Anie Belise Monteiro Miranda, Anizia Santos Nascimento, Ariane Pires, Augustin De Tugny, Ava Carneiro • Bárbara Lissa Alves De Campos, Beatriz Duarte Gonçalves Ventura De Paula, Beatriz Silva Dos Santos, Beatriz Toledo, Bertalha Ceci, Bianca Magalhães, Brenda Heloisa Ramalho, Breno De Souza Juz, Breno M P Rocha, Breno Totti Montes, Bruna Reis Barretto, Bruno Ferreira Marques, Bruno Oliveira • Camila Haddad, Camila Lanhoso, Camila Silva, Carla Irrazabal, Carolina Da Purificação Costa, Carolina Maia Contarato, Carolina Sapucaia, Carolina Yurie Mathias Kadoki, Caroline Oliveira, Caroline Romão, Catharina Marcondes Celestino De Faria, Celinha Reis Guarani Kaiowá, Christian Mauricio Pinilla Olaya, Clara De Carvalho Vazelesk Ribeiro, Cleber Alba Comandulli, Cleber Possani Junior, Cristiane Xerez Barroso, Cristianne Maria Famer Rocha, Cristina Baldauf, Cristina Marchiori Miranda • Daniel Santos De Melo Lima, Daniela Maria Xavier De Souza, Daniele Figueira, Daniella Avelaneda Origuela, Danilo Cesar Vitorino De Arruda, Danilo Ornelas Ribeiro, Dayene Silva, Débora Sigaud, Débora Strieder Kreuz, Denis Renan Correa, Denise Freitas, Denise Gugelmin, Diego De Lara Miguel, Diego Loreto, Diego Rizzo Vieira, Dion Carvalho Gomes De Sa, Douglas De Oliveira Freitas • Eduardo Gutherz, Eduardo Machado, Eduardo Moro Villas Boas, Elisabete De Lourdes Christofoletti, Ellen Vieira, Eloísa Fernandes, Emily Barbosa Rodrigues, Endrick De Santana Lima, Erahsto Felício De Sousa, Érica Soares De Oliveira, Erik Dana, Erika Pires Ramos, Evelyn Teixeira Silva • Fabiana Miranda, Fabio De Souza Viana, Fábio Márcio Alkmin, Felipe Bezerra De Andrade, Felipe Schaeffer Neves, Fernanda Coli Nogueira Bozzi, Fernanda Pinheiro Da Silva, Fernando Antônio Fontenele Leão, Fernando Franco Lopes, Fernando Junges, Fernando Ribamar, Figura Carrijo Viana Figur, Flávia Almeida Pita, Flávia De Alencar Palha Cerqueira Lopes, Flávia Hosken, Franciele Brito Barbosa, Francisco Neirton Silva Filho, Frederico Beenvides • Gabriel De Freitas Gonçalves, Gabriel Duccini, Gabriel Franco, Gabriel Henrique Da Cunha, Gabriel Muniz Ribeiro, Gabriel Salles Góes, Gabriela Cabral Paletta, Gabriela

190 Agradecimentos

Doscher Da Fonseca Ramos, Gabriela Longo, Gabriela Sanches, Gabriele Do Rosário, Gabriella Marília Antunes, German Gregório Monterrosa Ayala Filho, Giovanna Piaulino, Giulianne Pereira Martins, Gláucia Maria Alves De Oliveira, Goyamú Sampaio, Greciane Neres Do Nascimento, Guido Dutra De Oliveira, Guilherme Ávila Salgado, Guilherme Kujawski Ramos, Guilherme Silva, Guilherme Zanardo, Gustavo Garcia Nogueira, Gustavo Gonçalves, Gustavo Henrique Lyra Alves, Gustavo Henrique Montes Frade, Gustavo Lagares, Gustavo Monteiro Tessler, Gustavo Reis De Araujo, Gustavo Soares • Helena De Lima Muller, Helena Júlia Corrêa Boll, Heloisa Villela, Henrique Andrade, Henrique Da Silva Vernegue, Henrique Doro, Henrique Soares Thones, Hugo Paceli Souza Albuquerque, Humberto Oliveira Ribeiro • Iago Lobo Siqueira Rodrigues, Igor Coraine, Igor Freitas, Igor Mael, Isabel Foletto Curvello, Isabela Franco De Andrade, Isabela Furlan, Isabela Pieroni, Isabela Saraiva De Queiroz, Isabela Umbuzeiro Valent, Isabella Haru, Isabelle Carvalho Oliveira, Isaelena Hardt • Jaime De Queiroz Viana Neto, James Soares, Jefferson Virgílio, Jéssica Balbino, Jheisy Karoline Borges Da Silva, João Antônio Do Nascimento Neto, João Filipe Sebadelhe, João Pedro Cilli David, Jonathan Fenile De Castro, Jose Eduardo Nogueira Diniz, José Enio Benicio De Paiva, Josuan Sturbelle Schiavon, Julia Costa De Oliveira, Julia Laurentino Dos Santos, Júlia Neves Da Silva Queiroz, Julian Vargas Do Amaral, Juliana Emanuella Goncalves, Juliana Marcolino Da Silva, Juliana Nunes Novaes, Juliana Oliveira De Paula, Juliana Rosa, Juliana Souza Paradela, Julio Bomeny Barretto, Julio Cézar Chaves, June Alfred • Kamila Barbosa Paganelli, Karen Nomura, Karine Damásio Guimarães, Katlen Rodrigues Da Silva, Kylter Figueiredo Da Silva • Laís Dos Santos Pereira, Lara Venâncio Oliveira Freitas, Larissa Alves Da Silva, Larissa Midori Konishi Britz, Laura Costa Patron, Laura Morgado, Layanna Freitas De Oliveira, Leandro Fernandes Sampaio Santos, Lenaldo Branco Rocha, Leon Barreto Gonçalves Rosa, Leonardo De Castro Brito, Leonardo Siqueira Rodrigues, Leonardo Stankevicius Correia, Leonel Araújo, Leonne Sá Fortes, Leopoldo Matosinho, Letícia De Souza Soares, Leticia Fraga, Leticia Gimenez, Letícia Guerra, Letícia Maria Rodrigues, Leticia Pereira Alves, Lívia Guimarães Torquetti Dos Santos, Ll, Luana Carvalho De Souza Wanderley, Luana Figueiredo De C Oliveira, Luany Ferreria Marques, Luca Canarya, Lucas Magalhães, Lucas Massato Fujiyama, Lucas Menezes Fonseca, Lucas Paiva De Souza, Lucas Torres Matuda, Luciana Antonio Santos, Luciana Pacheco De Melo, Luciana Palhares De Souza, Lucimara Rett, Ludmila Horta De Miranda, Luís Felipe Fernandes, Luisa De Paula Marques Sousa, Luisa Fenizola, Luisa Lobato, Luisa Veras, Luiz Alberto De Souza Junior, Luiz Fernando Antunes, Luiz Henrique Almeida Mendes De Oliveira, Luiz Sampaio De Moura Azevedo, Luiza Lima, Luiza Proença, Luma Ribeiro Prado • Maikon Duarte, Maíra Disconzi Brum, Maisa Masciel Vanderlei, Maitê Alencastro, Mapa Da Agroecologia, Marcela Frischeisen, Marcelo De Mello Bertie, Marcelo Vaz Pupo, Marcelo

Sonhando a Terra do Bem Virá

Zenaide, Márcia Gomes Ismerio, Márcio Dantas Da Trindade, Marcos Paulo Barboza Lucio, Marcus Eugênio De Gouvêa César, Marcus Vinicius Honorio De Oliveira, Maria Alice Corrêa De Oliveira, Maria Aparecida Da Silva, Maria Carolina Cavalcanti De Matos, Maria Carolina Nascimento, Maria Cristina Lages, Maria Da Glória Paula, Maria Da Graça, Maria Emília Gomes De Sá, Maria Moura Soalheiro, Maria Soledad Kern, Mariana Cruz A Lima, Mariana German, Mariana Lima Amador Santos, Mariana Marçal, Mariana Reinach, Marina De Barros Fonseca, Matheus Henrique Da Mota Ferreira, Matheus Lourenco, Mayara De Lima, Mayara Scheffer, Mayara Silva De Oliveira, Michele Caroline Torinelli, Mima Freitas, Moisés Da Luz, Mônica Soares Lumertz, Moysés Da Fontoura Pinto Neto, Murilo Corrêa Da Silva • Nadia Nicolau, Nathalia Cardoso Lopes, Nathália Jerônimo De Melo Paz, Nayane Alves De Souza, Nelson Gonçalves, Nemo Côrtes, Neusa Aguiar, Nilton Tavares Da Silva Filho, Nina Milbers, Noa Cykman, Núbia Estaele Zica Silva • Olavo Luiz Claus De Souza, Olivia Von Der Weid, Ossara Bastos Avila Valdão • Pamonha, Patricia Yamamoto, Patricia Zaideman Charf, Paulo Klingelhoefer De Sa, Paulo Kuwabara Fonseca, Pedro De Andrade Calil Jabur, Pedro Diogo Carvalho Monteiro, Pedro Henriques Dos Santos, Pedro Hermano Gonzalez Cordeiro, Pedro Rabello, Pedro Sávio Oliveira Costa Silva, Philipe Murillo Santana De Carvalho, Priscila Fazio Rabelo • Rafael Copello, Rafael Gregorio, Rafael Mófreita Saldanha, Rafael Silva Furtado Merino, Rafaele Sabrina Barbosa Pereira, Raissa Dantas De Sousa, Raissa Dantas De Sousa, Raoni Carvalho Gondim, Raquel Blaque, Raquel Fernandes Zorzanelli, Renata F Moura, Renato Baruq, Renato Silva Nazário, Renzo Comolatti, Rica Saito, Ricardo Santos, Roberta De Castilhos Zanette, Roberta Eliza, Roberta Queiroz Lessa Viola, Rodrigo Brum Westphalen Rodrigo Calvi Rivera De Castro, Rodrigo Castilho Freitas, Rodrigo Della Libera, Rodrigo Fiusa Wanderley, Rodrigo Lima Cassemiro De Melo, Rodrigo Turin, Ronaldo Freitas Oliveira, Rosana Evangelista, Roxana Ruiz Buendía • Sabrina Fernandes, Sandra Lúcia De Paula, Sandra Sofiati, Sarah Nery, Shana Emanuelle Soares, Shelda Maria Laurindo Dos Santos, Silvia Futada, Sinthia Cristina Batista, Suyan Cristina Malhadas, Suzi De Aguiar Soares • Tainah Maria De Souza Lunge, Taís Campos Da Silva Zimmermann, Tais Fantoni Paezani, Tania Knapp Da Silva, Tha Poraí, Thais Ribeiro Mugia, Thales Eduardo Soares Martins, Thays Tonin, Thiago Baptistella Cabral, Thiago Guimarães, Thiago Luis Rodrigues Pinho, Thiago Mota Cardoso, Thiago Penna Firme, Tiana Brum De Jesus, Tomas Antônio Giannattasio Bozeda, Tulio Pereira Xavier • Ualisson Nogueira Do Nascimento, Ursula Boreal Lopes Brevilheri • Valentxina To, Valéria Valadão, Vanessa Da Silva Santos, Verônica Da Silva Arantes, Victor Brauer Di Renna, Victor Hugo Araujo Montenegro De Lucena, Victor Rissatto, Victoria Vaamonde Villar Schor, Vinícius Schmitt, Vinícius Silva De Lima, Vitor Maia Veríssimo, Vitor Roma De Paula Souza • Yago Rodrigues Santos, Yuri De Andrade Arend, Yuri Malta Caldeira

SONHANDO A TERRA DO BEM VIRÁ: ZAPATISMO, AUTONOMIA E A TEIA DOS POVOS
Alejandro Reyes & Joelson Ferreira

AUTORIA   Alejandro Reyes & Joelson Ferreira
COLABORAÇÃO   Spensy Pimentel
EDIÇÃO   Leonardo A. Beserra & *Compa* Sonho
PREPARAÇÃO   Flávio Taam
DESIGN CAPA   Paula Cruz
PROJETO GRÁFICO MIOLO   Namibia Chroma Est.
DIAGRAMAÇÃO   Leonardo Araujo Beserra

© Alejandro Reyes & Joelson Ferreira, 2025

© GLAC edições, janeiro de 2025
Praça Dom José Gaspar, 76, conj. 83, Edifício
Biblioteca, Centro, São Paulo – SP, 01047-010 •
glacedicoes@gmail.com

© Teia dos Povos, janeiro de 2025
Assentamento Terra Vista – BR 101, BA
676, Zona Rural, Arataca – BA, 45695-000 •
teiadospovos@gmail.com

© Radio Zapatista, janeiro de 2025
Várias localidades – radiozapatista.org •
radiozapatista@protonmail.com

#SujeitoInconfessável

Segurar um livro pode parecer prazeroso, mas, no caso dos inconfessáveis, a materialidade das páginas e da capa competem com a densidade dos textos que recebem. Uma lixa que, com o tempo, torna áspera as mãos de quem se deixa levar pelas linhas de uma história de luta e resistência, fazendo do corpo um meio de realização de uma utopia cada vez mais latente e desejada, principalmente nos momentos em que a subalternidade faz calar os gritos de guerra, as canções de trabalho e as articulações de subversão. As barricadas podem e devem ser muitas, suas funções variadas, suas potências díspares, suas articulações comunais, suas visibilidades camufladas, como é o ímpeto da revolta: um dragão-de-komodo armado que dança alegremente!

Dados Internacionais de Catalogação na Publicação (CIP) de acordo com ISBD

R457s   Reyes, Alejandro
        Sonhando a Terra do Bem Virá: zapatismo, autonomia e a Teia dos Povos / Alejandro Reyes, Joelson Ferreira. - São Paulo : GLAC edições, 2025.
        192 p. : il. ; 14cm x 21cm.

        Inclui bibliografia e índice.
        ISBN 978-65-86598-34-6 – GLAC edições
        ISBN 978-65-985992-0-1 – Teia dos Povos

        1. Ciências políticas. 2. Zapatismo. 3. Saúde autônoma. 4. Autogoverno. 5. Organização indígena. 6. Autogestão. 7. Organização dos povos. 8. Território. 9. Comunitarismo. 10. Educação autônoma. 11. Autogoverno. 12. Mulheres. 13. Justiça autônoma. 14. Autonomia. 15. Chiapas.
        16. México. 17. Brasil. I.   CDD 320
2025-78   Ferreira, Joelson. II. Título.   CDU 32

Elaborado por Vagner Rodolfo da Silva - CRB-8/9410

Índice para catálogo sistemático:
1. Ciências políticas 320
2. Ciências políticas 32

Este livro foi impresso nos papéis Avena 80gr (miolo) e Supremo LD 250gr (capa), nas fontes das famílias Arial, Times New Roman, Poppins e Agrandir em janeiro de 2025 pela Gráfica Graphium.

A REVOLUÇÃO NÃO SERÁ DEMOCRÁTICA !